SDGsの不都合な真実

「脱炭素」が世界を救うの大嘘

編著＝杉山大志
著＝川口マーン惠美＋掛谷英紀＋有馬純ほか

宝島社

はじめに

世の中、「気候危機物語」と「ＳＤＧｓ物語」が大流行だ。

〈CO_2のせいで地球の気候は危機にある。あと10年で取返しがつかなくなる。２０３０年にはCO_2を半分に、２０５０年にはゼロ、つまり脱炭素しなければならない。

これまでの経済成長は間違っており、このままではやがて破滅に至る。これからの経済成長は、「持続可能な開発目標」（Sustainable Development Goals, SDGs）を達成しなければならない――〉

……ということらしく、メディアでは脱炭素、気候危機、ＳＤＧｓが喧伝され、企業人はＳＤＧｓバッジを胸につけ、子どもたちは学校の授業でＳＤＧｓを教え込まれている。「環境だ」「エコだ」と言われると何となく逆らえない空気がある。

けれど、なんか変じゃないか？　と思うことは増える一方だ。

――脱炭素などというが、石油もガスも石炭も使わないなんて、そんなことできるのか？　いったい、いくらかかるのか？　そもそも、本当にそんな必要があるのか？

――環境保護もＳＤＧｓもよいことには違いない。けれど、よかれと思ったことでも、悪いことも起きる。CO_2を減らそうと思って太陽光発電所を造っているが、土砂災害の原因になっていないか？　ガソリン自動車を禁止して電気自動車を強制すると、貧しい人は車を買えなくなるのではないか？

――世の中お金は限られていて、あちらを立てればこちらが立たず、というのが鉄則だ。こんな簡単なことを大人たちが忘れているのは滑稽だ。CO_2を減らすにはお金がかかる。お金がかかれば貧困の撲滅なんてできないし、台風に備えてダムを造ったりもできない。予算は限られているので、バランス感覚はどうしても大事だ。CO_2をゼロにするために人々が不幸になるのでは、本末転倒ではないのか？

――レジ袋有料化はそんなに大事なのか？　ミドリガメもアメリカザリガニも外来種だから殺すのが正しいのか？　かえって悪いことをしていないか？

――そういえば子どもの頃にも、あと10年で世界が破滅するとテレビでは深刻そうに言っていた。けれど、そんなことは起きなかった。環境危機は果たして本当なのか？

変なだけではなく、何かウラがある。

SDGsだ、脱炭素だと言って、世界の政治と庶民の生活を意のままに操ろうとする人々がいる。国連、政府、御用学者、メディア、SNSなどだ。そして、それに乗じて儲けている人々がいる。政治がらみのコンサルタント、金融業者、メーカーなどだ。

人々の素朴な善意につけこんで、壮大な詐欺的行為が横行している。

この本は、SDGsと脱炭素の実態について、気鋭の著者たちがそれぞれの切り口からレポートしたものだ。持ち味を生かして伸び伸びと書くことを優先し、相互調整は一切図っていない。したがって文責は各著者にある。

繰り返すが、環境保護運動もSDGsも、もちろんそれ自体、本来はよいことを言っている。だが現実にはさまざまな思惑が錯綜し、きわめて残念ながら多くの人々にとっては、〝害毒〟となっている。この現状を変え、本当に人々を幸せにするにはどうすればよいか――。本書の著者たちと一緒に考えてほしい。

2021年9月

著者を代表して　杉山大志

SDGsの不都合な真実「脱炭素」が世界を救うの大嘘／目次

はじめに――3

第一章

「再エネ」が日本を破壊する

世界的「脱炭素」で中国が一人勝ちの構図
「環境」優先で軽視される人権問題――12
杉山大志（キヤノングローバル戦略研究所研究主幹）

メガソーラーの自然破壊と災害リスク
報道されない「太陽光発電」の暗部――34
三枝玄太郎（元産経新聞記者、フリーライター）

再生可能エネルギーが普及すればするほど
日本経済は低迷し、国民は貧困化する――59
山本隆三（国際環境経済研究所所長、常葉大学名誉教授）

第二章

正義なきグリーンバブル

急進的「脱エンジン」宣言は投資家のため？
欧州メーカーの「EV戦略」にトヨタが怒る理由――86
岡崎五朗（モータージャーナリスト）

過激化する欧州「脱炭素」政策の真相
環境NGOとドイツ政府の〝親密な〟関係――103
川口マーン惠美（作家）

小泉純一郎元首相も騙された！
魑魅魍魎が跋扈「グリーンバブル」の内幕――123
伊藤博敏（ジャーナリスト）

企業「環境・CSR担当」が告白
SDGsとESG投資の空疎な実態――143
藤枝一也（素材メーカー環境・CSR担当）

第三章
「地球温暖化」の暗部

現実を無視した「環境原理主義」は世界を不幸にする――168
有馬 純（東京大学公共政策大学院特任教授）

新型コロナ起源論争でわかった「科学者の合意」ほど危ないものはない――189
掛谷英紀（筑波大学システム情報系准教授）

第四章
国民を幸せにしない脱炭素政策

日本経済の屋台骨「自動車産業」を脅かす〝自壊的〟脱炭素政策の愚――208
加藤康子（元内閣官房参与、評論家）

問題山積の「水素エネルギー」を妄信
政府が推進する水素政策のナンセンス――236
松田 智（元静岡大学工学部教員）
海洋プラごみ削減にはまったく無意味
「レジ袋有料化」の目的と効果を再考する――259
藤枝一也（素材メーカー環境・CSR担当）
コストも妥当、安全性は超優秀
世界で導入が進む「次世代原発」の実力――284
長辻象平（産経新聞論説委員）
著者略歴――303

ブックデザイン　鈴木成一デザイン室
本文DTP　一條麻耶子
帯写真　Science Photo Library / アフロ

※本書の情報は2021年8月時点のものです。
また、本文中の敬称は一部省略しています。ご了承ください。

第一章

「再エネ」が日本を破壊する

世界的「脱炭素」で中国が一人勝ちの構図
「環境」優先で軽視される人権問題

杉山大志（キヤノングローバル戦略研究所研究主幹）

菅政権下での温暖化対策の暴走が止まらない。日本は2030年までにCO_2をほぼ半減し、2050年にはゼロを目指すことになった。かかる政策は日本経済を壊滅させるのみならず、国家の安全保障をも大きく脅かすものだ。

バイデン政権の愚劣な気候外交

米国が主催した2021年4月22〜23日の気候サミットにおいて、菅首相は「2030

年にCO$_2$等の温室効果ガスを2013年比で46%削減することを目指し、さらに50%の高みに向けて挑戦を続ける」とした。これは既存の目標である26%に20%以上も上乗せするものだ。

同サミットでは、先進国はいずれも2030年までにCO$_2$をおおむね半減すると約束したのに対して、中国等は米国が求めた目標の深掘りにまったく応じなかった。

日本が46〜50%としたのは、米国が50〜52%としたのに横並びにしただけだ。日本はいつも米国と横並びだ。1997年に京都議定書に合意したときは米国の7%より1%だけ少ない6%だった。2015年にパリ協定に合意したときは米国（26〜28%）とまったく同じ26%だった。

いずれのときも米国はいったん合意したが、やがて反故《ほご》にした。歩調を合わせた日本は、二度も梯子《はしご》を外された。

今回も確実に梯子を外される。

なぜなら、議会のほぼ半分を占める共和党はそもそも「気候危機」なる説はフェイクだと知っている。のみならず、米国は世界一の産油国・産ガス国であり、民主党議員であっても自州の産業のためには造反し、共和党議員とともに温暖化対策に反対票を投じる。

このため環境税やCO_2排出量取引などの制度は議会を通ることはない。米国はCO_2を大きく減らすことなどできないのだ。

なぜ米国は自分ができもしない目標にこだわったか。それは「地球の気候は危機に瀕しており、気温上昇を1・5℃に抑えねばならない、それには温室効果ガス排出量を2030年に半減、2050年にはゼロでなければならない」という「気候危機説」に基づく。

これは御用学者が唱えるもので、西欧の指導者層と米国民主党では信奉されている。ただし台風やハリケーンなどの統計を見ると、災害の激甚化などはまったく起きておらず、この気候危機説はフェイクにすぎない。にもかかわらず、CNNなどの御用メディアが不都合な事実を無視し、「科学は決着した」として反論を封殺してきた。あるCNNのディレクターは、気候危機を煽ることで儲かる（Fear Sells）とうっかり本音を漏らしているところを、米調査報道NPOの「プロジェクト・ベリタス」の囮捜査で暴露されている。ちなみにこのディレクターは、CNNが意図的に当時のトランプ大統領の印象を悪化させて選挙で敗戦させたことも自慢気に話していた。

サミットでのバイデン政権の最大の目的は、気候危機説を信奉する人々、とくに民主党内で存在感を増すサンダース等の左派を満足させることだった。

しかし、中国、インド、ロシアなどはまったく目標の深掘りに応じなかった。結果としては、日米欧が一方的に莫大な経済的負担を負うことになった。

自滅する先進国を尻目に中国は高笑い

気候サミットで、習近平国家主席は自信に満ちた演説をした。

「中国は米国がパリ協定に復帰することを歓迎する」として、政権交代のたびに方針が変わる米国の信頼性のなさをあげつらった。かつ、正式な交渉の場は国連であり、米国主導のサミットではないこともはっきりさせた。中国の意図は「米国に環境を理由として覇権を維持させない」ことであった。

コロナ禍で広く知られることとなったように、国連は中国にとって都合のよい場である。G77と呼ばれる数多くの開発途上国は、「途上国は経済開発の権利があり、先進国は過去のCO_2排出の責任を負って率先してCO_2を減らすべきだ」というポジションを取っている。中国はそのリーダー格である。

たしかに「善良なる開発途上国」であれば、開発の権利の主張はごもっともである。し

中国政府が制定した香港国家安全維持法を非難した国と支持した国

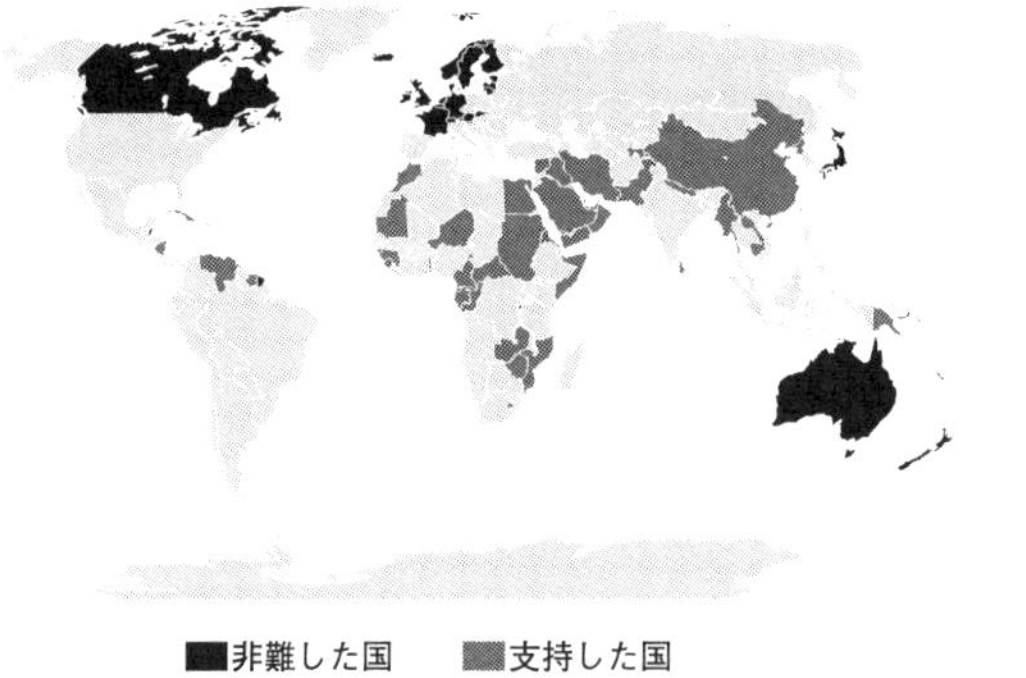

出典：Axios

かし、領土拡張や人権侵害をしている国であれば、何をか言わんや、である。だが国連の場では、中国を支持する開発途上国は多い。香港での民主運動の弾圧についても、先進国が人権侵害だとして中国非難の決議を出すと、その倍の数の国々が内政干渉だとして中国支持の決議をした。

　ここに戦慄する一枚の地図がある。中国が制定した香港国家安全維持法をめぐり、人権抑圧を懸念して中国を非難した国が黒で、内政問題であるとして中国を支持した国が灰色で塗られている。見事に世界を二分しており、21世紀における長く深い対立を暗示するものだ。

　今後、CO_2の話が国連に持ち込まれると、多数のサポーターを従えて、ますます中国は強気に出るだろう。「先進国がCO_2を半分にすると言って圧力をかければ、中国もそうするはず」などというおめでたい言説が流布されているが、まったく根拠がない。

実は今回、中国はサミットへの参加をテコに有利な取引をした。すなわちサミットに先立つ米中の共同声明で、「産業と電力を脱炭素化するための政策、措置、技術」をともに追求する、とした。この文言は今後の貿易戦争にあたって、中国の利益を害するような米国の制裁を抑制するために利用されるだろう。

中国の現行の計画では、今後5年で排出量は1割増える。この増加分だけで現在の日本の年間排出量約12億トンとほぼ同じだ（次ページのグラフ）。中国の5カ年計画では、2025年までの5年間で18％だけGDP当たりのCO_2排出量を削減する、となっている。しかし、「GDP当たりの削減」なので、中国の経済成長が年率5％とすると、実際は2025年の排出量は2020年に比べて10％増大する。これは日本の2020年における排出量に匹敵する。また日本の石炭火力発電は約5000万kWであるが、毎年、中国はこれに匹敵する発電所を建設している。

今回のサミットで、先進国は自滅的に経済を痛めつける約束をした一方で、中国は相変わらず、事実上まったくCO_2排出に束縛されないことになった。

CO_2等の排出量の日中比較

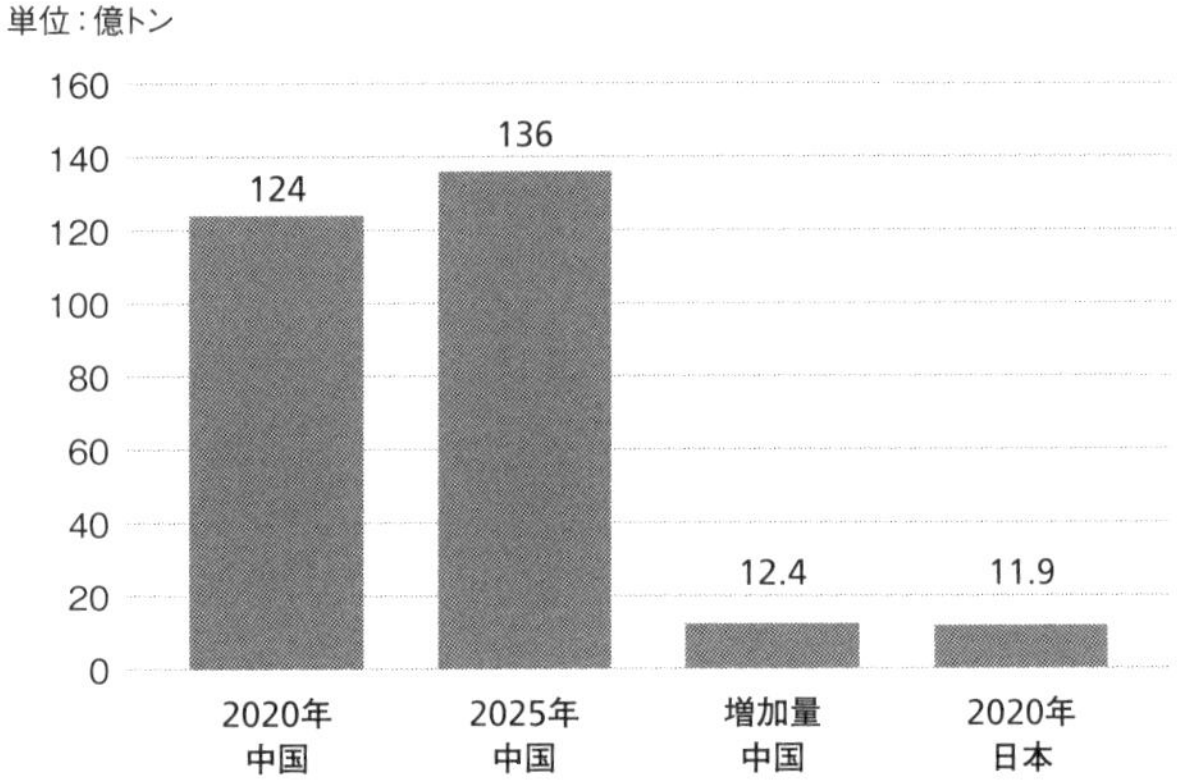

それだけではない。太陽光発電や電気自動車においては中国が大きな産業を有し、先進国が創る市場を制覇できる。そのサプライチェーンを握ることは、地政学的な強みにもなる。途上国に対しても、中国はグリーンインフラ整備を名目に一帯一路構想をいっそう推進すると表明した。

先進国はCO_2排出を理由に途上国の火力発電事業から撤退するが、おかげで中国はこの市場を独占できる。先進国が石油消費を減らし、石油産業が大打撃を受ける一方で、中国は産油国からの調達が容易になる。

のみならず、化石燃料を取り上げられた途上国はこぞって中国を頼るようになる。欧米が世界中の途上国に極端なCO_2削減を押し付けたことは強い反発を招いており、いま先進国が最も味方につけたいインドまでが、新興国4カ国の首脳会合（BASIC）における中国との共同声明で、温暖化対策の押し付けに懸念を表明するに至っている。

先進国は自滅し、中国に棚ぼたが転がり込む——。気候変動という、先進国が冒された奇妙な新興宗教の顛末に、中国は高笑いだ。

1%の削減には1兆円かかる

日本は今回、26%から46%へと20%も温室効果ガスの削減目標を引き上げた。これまでの太陽光発電導入の実績から言えば、削減量1%当たり毎年1兆円の費用がかかっている。すると単純に計算しても毎年20兆円の費用が追加でかかる。これは消費税の倍増に匹敵する巨額の経済負担だ。小泉進次郎環境相は太陽光発電設備の設置の義務化を仄《ほの》めかしているが、そのようなことをすれば、国民は疲弊し、産業は高コストになり、日本経済は弱体化する。

太陽光発電パネルは、たしかに従前よりは安くなった。だがまだ電気料金への賦課金から補助を受けている。それに、太陽が照ったときしか発電しない間欠性という問題はまったく解決していない。このため、いくら太陽光発電設備を導入しても、火力発電設備は相変わらず必要なので二重投資になる。それに安価な立地場所も少なくなるので、これも高コスト要因になる。小泉大臣はまだ空いている屋根に設置をすればいいと言ったが、なぜその屋根がまだ空いているのか、理由を考えなかったのだろうか？　これまでも莫大な補助が与えられてきたにもかかわらず、採算が合わなかったのだ。

太陽光発電は〝屋根の上のジェノサイド〟

だが、太陽光発電の害毒はこれに留まらない。

太陽光発電にはさまざまな方式があるが、いま最も安価で大量に普及しているのは「結晶シリコン方式」である。この太陽光発電の心臓部は、シリコン鉱石を精錬してできる結晶シリコンと呼ばれる金属である。これに太陽光が当たることで電気が発生する。

世界における太陽光発電用の結晶シリコンの80％は中国製であるという。そして、そのうちの半分以上が新疆ウイグル自治区における生産であり、世界に占める新疆ウイグル自治区の生産量のシェアは実に48％に達すると推計されている。

中国、とりわけ新疆ウイグル自治区での生産量が多い理由は、安価な電力と低い環境基準による。結晶シリコンの生産には、大量の電力が必要なので、安価な電力が必須である。またその過程では、大気・土壌・水質等にさまざまな環境負荷が生じうるので、環境基準が厳しいとコスト要因になる。

さて、新疆ウイグル自治区ではこれまでも強制労働が国際問題になってきた。ウイグル人が強制的に工場に収容され、労働に従事させられている、というものだ。この事実が確認されたとして、米国は2021年1月にウイグル自治区で生産された綿製品の輸入を禁止した。

さらに、米国バイデン政権は6月24日、ウイグルでの強制労働に関与した制裁として、中国企業5社の製品の輸入を禁止すると発表した（ホワイトハウス発表）。

対象となったのは、

A　Hoshine Silicon Industry（Shanshan）
B　Xinjiang Daqo New Energy
C　Xinjiang East Hope Nonferrous Metals
D　Xinjiang GCL New Energy Material Technology

E　XPCC（Xinjiang Production and Construction Corps）
である（注：Xinjiangは新疆のローマ字表記でシンジアンと読む）。

これらが、どのような会社か、説明しよう。

太陽光発電のパネルは、以下の3段階で製造される。
1.【金属精錬】石英を採掘して高温で精錬しシリコン金属にする
2.【結晶製造】シリコン金属を高温で融解し、再結晶させて結晶シリコンをつくる
3.【パネル製造】結晶シリコンをスライスし、化学処理して電極等を取りつけた後、ガラス板で挟んでパネルをつくる
このうち1の金属精錬のダントツの最大手がAのHoshineであり、2の結晶製造の大手が、DGCL（2位）、BDaqo（4位）、CEast Hope（6位）である。

EのXPCCは綿製品などさまざまな事業を手掛ける巨大企業で、強制労働に関与しているとされている。

中国には多くの太陽光パネル製造メーカーがあるが、それらは上記企業から金属シリコン・結晶シリコンの供給を受けて成り立っている。また、ヘレナ・ケネディーセンターの2021年5月の報告では、世界の太陽光パネルメーカーのランキングのうち上位1位か

ら5位までのLongi、Jinko、JA、Trina、Canadian SolarのすべてがHoshineから供給を受けている。

今回輸入禁止になるのは、「Hoshineによるシリコン供給を受けている製品、およびDaqo、GCL、East Hope、XPCCの製品」となっている。これにより、中国製の太陽光パネルの大半が輸入禁止され、米国税関を通れなくなるだろう。

この措置に対して、中国は強く反発し、なんらかの対抗措置を取るだろう。しかしその一方で、この措置自体の米国の太陽光発電市場への影響は、それほど大きくないとみられる。というのは、米国は以前から中国製太陽光パネルに対して、不公正貿易慣行を理由に高い関税を課しており、そのために中国製品はほとんど輸入されていなかったからだ。だがこれ故に、米国の太陽光パネルは中国製に比べて2倍の値段になっているという（米シンクタンク「CSIS」報告）。

今回の措置で影響が大きいのは、むしろ日本など、中国製の太陽光パネルを大規模に輸入している国である。

日本も米国に続いて中国の太陽光パネルを輸入禁止にすべきだろうか。日本の太陽光発電パネルは、いまや8割が海外生産になっている（太陽光発電協会）。このなかには中国製品が多く入っているだろう。

　このような事態を、日本政府は放置すべきだろうか。

　米国を拠点とするウイグル人の人権活動家ジュリー・ミルサップ氏は、新疆ウイグル自治区との関係を直ちに断ち切るよう企業に呼びかけている。「ウイグルで活動しているサプライヤーと関係し続けることは、現代の奴隷制から利益を得ることであり、大量虐殺への加担だ」と彼女は言う。

　中国当局によると、新疆ウイグル自治区の収容所は、貧困と分離主義に対応して設立された「職業技能教育訓練センター」である。中国の外務省は、強制労働という批判を「完全なウソ」と呼んで否定している。

　いまのところ焦点は「新疆」とくに「強制労働」だけに当たっている。だが、そもそも人権を侵害する国家と取引して利益を得ること自体が妥当であろうか。

　米国並みの中国製品の輸入禁止措置を日本も取れば、太陽光発電の導入には急ブレーキがかかり、価格高騰も避けられない。だがそれでも、日本も断固とした措置を速やかに取るべきだ、と筆者は思う。

　太陽光発電を導入している人々、ないしはその費用を負担している人々は、それが環境のため、ひいては人のためによいことだと思っている。ところがそれが、強制労働を助長し、人権を侵害しているというのでは、本末転倒だ。

このままでは、あちこちに設置された太陽光発電パネルを見るたびに、おぞましい強制労働やジェノサイドを思い出さなければならないことになる。

大量の鉱物資源を中国に依存

いま政府は、無謀な目標に向かって太陽光発電、風力発電、電気自動車などの大量導入を進めようとしている。すると最終製品はもとより、インバーターやバッテリーなどの半製品の形でも、中国製品が大量に日本に入り込んでくることになるだろう。

仮に中国製品を排除し、国産化したとしても安心できない。というのは、太陽光発電や風力発電の大量導入には莫大な資源が必要となって、その資源調達の段階でも中国依存が高まる懸念があるからだ。

大変多くの方が誤解されているが、太陽光発電や風力発電は「脱物質化」などでは決してない。むしろその逆である。

太陽光発電や風力発電は、たしかにウランや石炭・天然ガスなどの燃料投入は必要ない。だが一方で、巨大な設備が数多く必要であるため、鉱物資源を大量に必要とする。セメント、鉄、ガラス、プラスチックはもちろん大量に必要となる。

のみならず、希少な鉱物資源であるレアアースも、大量に必要になる。鉄や銅などの大量に使われる金属が「ベースメタル」と呼ばれている一方で、希少な金属を「レアメタル」、さらにその一部が「レアアース」と呼ばれている。これらは先端技術には不可欠な素材となっている。

レアアースは、米国を含め、世界中に存在する。しかし、先進国では環境規制が厳しく採算が合わないため、採掘されていない。

代わりに起きていることは、中国による独占的な供給状態である。いま、世界全体のレアアースの70%以上が中国国内で、ないしは中国企業によって採掘されているという。そしてこれは深刻な環境汚染を起こしている、としばしば報道されている。

日本も米国も、すでにあらゆるハイテク製造業において、レアアースの調達を中国に依存している。このレアアースの中国依存はトランプ政権時代から問題視されており、バイデン政権もこれを引き継いで、日米豪印「クアッド」の場でも議論が始まっている。

だが民主主義国家はどこも環境規制が厳しくなる傾向にあり、レアアースの中国依存はそう簡単に解決しそうにない。トランプ政権は、鉱物資源を国産化すべく、国内の環境規制の緩和を図ってきた。だがバイデン政権の下でこれは継続できそうにない。

軍民両用ハイテクの〝中国中毒〟が進む

米国がレアアースの中国依存の低下に真剣になるのは、経済的な理由だけではない。軍事的な影響も大きいからだ。暗視スコープやGPS搭載通信機等、現代のあらゆる軍事装備はハイテクであって、重要鉱物を多く使用している。米国地質調査所（USGS）は、鉱物やそれを利用した部品の貿易が遮断されることで、米国の安全保障が脅かされる、と警鐘を鳴らしている。

いわゆる「グリーン投資」としてもてはやされるのは、太陽光発電、風力発電、電気自動車に留まらない。

今後の省エネルギーの有力な手段と目されているのはデジタル化である。冷暖房のAI制御、自動運転技術などだ。これらもグリーン投資の対象となる。

厄介なのは、このすべてがいわゆるハイテクであり、中国が高い製造能力を有しているのみならず、その産業が育つことは、やがて中国の軍事力強化にも直結するということだ。

今日のハイテクは、軍事技術なのか民生技術なのかは紙一重である。たとえば、中国深圳はスマホ生産の一大拠点となった。だがその後すぐに、ドローン生産の一大拠点ともなった。ドローンの部品は、スマホの部品と共通点が多いからだ。周知のように、ドローンは現代の戦争において重要な武器である。

スマホの生産を中国に委ねたことで、世界は最大のドローン産業を育ててしまった。今後中国でグリーン産業が隆盛するならば、必ずやそれは軍事転用され、さらに強力なハイテク軍事技術産業が中国に誕生するだろう。

電力網がサイバー攻撃に晒される

中国製の太陽光発電設備等が日本の電力網に多数接続されると、サイバー攻撃のリスクも高まる。

電力網がサイバー攻撃の対象となっていることは、いまや世界の常識である。2016

年にはロシアのサイバー攻撃によってウクライナで停電が起きた。サイバー攻撃の内容は、ウイルスやバックドアによる情報の窃盗から、通信・制御システムの乗っ取り、ついには電力網の停電や、発電所の破壊にも及びかねない。

再生可能エネルギーが厄介なのは、その数がきわめて多いことである。

原子力などの集中型の発電設備は通常、重要な施設として徹底して安全に保護されているので、容易には攻撃できない。そして、それらをわざわざ攻撃するよりも、どこにでも配備されている分散型の太陽光発電・風力発電を攻撃するほうが難度は低い。守る側としては、防御線が伸び切った状態になるので、守りにくい。

トランプ前米大統領は、米国の電力網をサイバー攻撃から守るための大統領令に署名した。これは、中国やロシアからの送配電や太陽光発電設備などの電力機器輸入の制限を念頭に置いたものだ。同様な制限はバイデン政権下でも検討されている。

日本政府も電力網のサイバーセキュリティの強化に着手している。だがいまのところは、事業者の善意ある協力を前提としている。日本らしい方法だが、本当にこれで間に合うのか心配である。まだ中国製品の排除には至っていない。

米国では、太陽光発電用のインバーター市場のほとんどは、外国製ないしは外国企業に占められているという。なかでも中国のシェアは47％に達する。これには世界最大の太陽光発電用インバーターメーカーであるファーウェイも含まれている。

インバーターは、発電設備から電力を送電網に送る部品である。なので、そこがサイバー攻撃の対象になると、停電を引き起こしたり、他の発電設備を損傷させたりする可能性がある。

日本も、太陽光発電等の電力設備から、どのように中国製品を排除してゆくのか。導入がこれ以上進む前に、早急に実態を把握し、対策を検討する必要がある。

米国がファーウェイ等のハイテク企業排除に続いて、レアアースをはじめとする鉱物資源や太陽光発電設備などの電力設備の調達の脱中国化を進めるならば、同盟諸国にも歩調を揃えるよう求めることは間違いないだろう。日本も当然その対象となる。

それに、日本にとっても決して他人事ではない。いま米中摩擦と呼ばれているものは、中国共産党と自由主義陣営の長い争いの一部であり、日本は自由主義陣営に伍して自由・民主といった普遍的価値を守っていかねばならないからだ。

むろん、中国が強大になるとしたら、真っ先にその影響を受けるのは日本であって、米国ではない。EUにも重要鉱物の調達を脱中国化しようという動きが出てきた。だがいまのところ、レアアースの98％を中国に依存していると報道されている。

現在、中国は日本の輸出入総額の20％を超える最大の貿易相手国であり、日本が全体としての依存度を減らすのは容易ではない。だが安全保障に直結する電力機器、ハイテクおよび鉱物資源については、中国依存からの脱却を進めるべきではないか。

環境投資が独裁国家を支援

近年、ＥＳＧ投資ということがよくいわれている。環境（Ｅ）、社会（Ｓ）、企業統治（Ｇ）といった、社会的な要請に配慮した投資をすべき、という考え方である。このコンセプト自体は悪くないのだが、実態としては、バランスを大きく欠いていると言わざるを得ない。

というのは、ＥＳＧ投資といっても、実態としては判断基準がCO_2に偏重しており、しかも単なる火力発電バッシングになってしまっているからだ。

だがこれには根本的に大いに問題がある。というのは、いまのＥＳＧ投資では、①自由主義陣営に属する東南アジアの開発途上国で石炭火力発電事業に投資することが事実上禁止されている。

この一方で、

②中国製の太陽光発電設備や電気自動車用バッテリーの購入が奨励されている。

人権抑圧が事件になると、ごく限定的に、関係者との商取引が問題視されることは、これまでのESG投資の枠組みの中でもあった。だが、そもそも人権抑圧をする国家と商取引をしてよいのか、ということについては、ESG投資はほぼお構いなしだった。

だから、電力設備、先端技術、重要鉱物についても、ESG投資は、中国依存を強める原動力として作用してきたのだ。

さほどのリスクでもないCO_2をゼロにしようとして、自由、民主といった基本的人権を犠牲にするのでは、本末転倒である。しかし残念ながら、いまのESG投資のほとんどは、石炭を憎む一方で、独裁国家を支援している。

けれども、そもそもESGのSとは、よき社会（Society）の意味である。今後、政府と金融機関は、ESG投資の内容を見直し、CO_2偏重をやめ、脱中国依存を新たな潮流にすべきである。

強制労働等の人権侵害の問題は、温暖化対策に深刻な課題を突きつける。企業と政府は温暖化対策の在り方をいま根本から再検討しないと、大きな間違いを犯すことになる。

中国は21世紀の戦争を「超限戦」、つまり境界のない絶え間ない戦いと位置づけている。そこでは平時と戦時、軍事技術と民間技術、リアルとサイバー空間など、あらゆる境界が消滅し、国と国との間では絶え間ない国力の勝負が続けられる。

気候変動という世論を利用して敵の弱体化を図ることは、その戦略の一部となっている。日本をはじめ先進諸国が脱炭素政策によって自滅していく一方で、中国はCO_2に束縛されることなく経済成長を続け、宣教師のように脱炭素を押しつける先進国に代わって開発途上国の支持を集め、先進国の規制に乗じて太陽光発電や電気自動車産業を大きくしている。これまでのところ、この中国のしたたかな気候変動外交は完全に成功している。

日本は脱炭素政策という自滅的な政策をやめ、化石燃料のメリットを活かして安定・安価なエネルギー供給体制を構築し、中国に対峙する強い国力を構築していかねばならない。■

メガソーラーの自然破壊と災害リスク 報道されない「太陽光発電」の暗部

三枝玄太郎（元産経新聞記者、フリーライター）

2021年7月3日、静岡県熱海市伊豆山。日本列島に梅雨前線が停滞していた。当地の降水量は午後3時20分まで48時間雨量で321ミリに達し、伊豆山地区では7月の観測値としては過去最高の雨が降っていた。伊豆山に住む50代の女性は、前夜からある異常を感じていた。自宅の周囲で、鼻につく汚物のような臭いが漂っていたのだ。

「誰か、変なものを捨てたの？　なぜ、こんなにトイレのような臭いがするの？」

数日前から「パン、パン、パン」という山鳴りが聞こえるのも気味が悪かった。家族と「何なんだろうか」と話していたが、原因がわからない。

7月3日の午前10時半ごろ、目の前にあるはずの家が2軒、なくなっているのに気づいた。家を出てみると、大量の土砂が家のそばを流れていた。近くに住む親類に電話をすると、その家も流されていた。身支度をしてほうほうのていで自宅から逃れた。

最も大きな土石流は、その直後に起きた4回目のものだという。赤い3階建てのビルをかすめながら大量の土石流が下流域に流れていった。初期の土石流に対応するため現場に集まっていた消防関係者が逃げ惑う姿がニュース映像として放映され、衝撃を与えた。

この証言をした女性の家も土石流に流されこそはしなかったが、かなりのダメージを受け、8月末時点でも家には住めない状態が続いている。

「土砂災害警戒区域」に太陽光発電所

死者・行方不明者が28人(2021年8月末時点)にも及んだ熱海の土石流は自然災害だったのか――。調査が進むにつれ、この土石流は人災どころか〝殺人〟といわれても仕方がないような実態が明らかになってきた。

静岡中央新幹線環境保全連絡会議の地質構造・水資源専門部会の委員を務める地質学者

の塩坂邦雄氏は「尾根部の開発（太陽光発電施設の建設工事）を行ったために、今まで保水力のあった森がなくなったために（雨水が）流出したんです。悪いことに（太陽光発電所への）進入路があるので、ここが樋《とい》のようになって（土石流の起点に）水がたまって、水が全部ここ（盛り土）に来ちゃった」との見解を示している（2021年7月6日テレビ朝日のニュース）。塩坂氏は地元紙・静岡新聞にも同様の見解を述べている。

盛り土から数十メートル離れた場所に太陽光発電所があり、発電所の売電権（ID）を持つZENホールディングス（東京都千代田区）の創業者、麦島善光氏（85）が盛り土の現所有者だったこともあり、関連が指摘された。

もっとも、国土交通省港湾局出身で、国土交通省大臣官房技術総括審議官も務めた静岡県の難波喬司・副知事が「太陽光発電所が土石流に直接影響を与えたとは考えていない」と会見で表明したこともあり、現時点（2021年8月）でZENホールディングスが建設した太陽光発電所が土石流災害にどの程度、影響を与えたのかは定かではないが、現場となった伊豆山地区の山一帯が「土砂災害警戒区域」（一部は特別警戒区域）に指定されており、そこに太陽光発電所が造られたことは付言しておきたい。

国立環境研究所が興味深いデータを示している。同研究所によると、日本の0・5MW

（メガワット）以上の大規模太陽光発電施設の建設によって、約２２９平方キロメートルもの土地が改変されている実態がわかったというのだ。これはほぼ山手線内側の土地の３倍ほどの面積に当たる。また約35平方キロメートルの土地に造成された太陽光発電所は鳥獣保護区や国立公園などにあり、自然が損壊されている実態が浮き彫りになったのだ。

本来は規制されて然るべき、こうした自然公園などや急傾斜地など災害リスクの高い場所に太陽光発電所が乱立したのは、再生可能エネルギー特別措置（ＦＩＴ）法が成立した当時、政権を担っていた民主党の菅直人政権の存在がある。

菅政権は太陽光発電所の設置基準などを一切示さずに規制をしなかったばかりか、太陽光発電所のパネルや架台を建築物に該当しないこととしたために、建築基準法の規定が準用されないのだ。このため法律上、太陽光発電所は「電気工作物」の扱いであり、面倒な建築確認申請も必要がない。

難波副知事の「直接的な関連性は低い」との発言のため、「メガソーラーは危険ではない」という流言飛語がネット上などで散見されるが、認識不足もはなはだしい。

熱海市伊豆山から山を挟んで反対側にある静岡県函南町《かんなみ》で起きた事例を挙げてみよう。

２０１９年10月12日、函南町田代にある太陽光発電施設の土砂が台風の影響で崩落した。この台風は気象庁が「死者・行方不明者１２６９人を出した１９５８年９月の狩野川台風に匹敵する規模」と事前に警告を発したほどの大きな台風だった。

台風が通過したあと、２０１７年９月から稼働している太陽光発電所の調整池そばの法《のり》面《めん》（人工的な傾斜）が崩落しているのを地元住民が見つけた。倒木が発電所下の道路にまで達し、すぐ東側には民家が数軒並んでいた。皮肉なことに太陽光発電所そのものに被害はなかった。太陽光発電所が完成して以来、雨が降るたびに斜面を大量の雨水が滑り落ちているのを何人もの地元住民が目撃している。これらの「異常」から、太陽光発電所が原因であることはほぼ間違いないとみられている。

実はこの現場の南隣の集落、距離にして３００メートルほどしか離れていない軽井沢《かるいさわ》地区で敷地面積60・5ヘクタール（事業主のブルーキャピタルマネジメントのホームページより）規模の太陽光発電所建設計画があり、地元住民の激しい反対運動が起きているのだ。

伊豆半島の土質は、火山の噴火などで長年にわたって火山灰が堆積された火山灰土が特徴だ。また一帯は地下水が豊富で、半面、水が涸れてしまったり、逆に大量の湧水が発生することがある。１９２１年に丹那トンネルが崩落し、作業員33人が生き埋めになり、16人が死亡。24年、30年にも同様の事故が発生し、犠牲者は計67人にも及んだ。原因は大量の湧水だった。

このような地盤であることを地元の住民は誰もが知っているから、「伊豆半島にメガソーラーを建設するなんて非常識だ」と、あちこちで反対運動が起きているのである。

民家に迫るソーラーも「法律で規制できない」

千葉県我孫子市岡発戸《おかほっと》。手賀沼と我孫子ゴルフ倶楽部に挟まれた東西に延びる集落に手賀沼ふれあいラインと名づけられた市道がある。この市道をゴルフ場から我孫子市役所に向かって走ると、さらに脇道がある。車がやっとすれ違えるかどうかというほどの道である。この道沿い北側の山の斜面に小さな太陽光発電所がある。斜度が30度はあるだろう。

この発電所は、ある千葉県の工務店のホームページで見つけた。社長のブログには、この太陽光発電所を上から撮った写真とともに、いかに難工事で、作業員が大変だったか、中年の作業員が精根尽き果てたような顔をして座り込む写真とともに「現場は大変だ〜」というキャプションが添えられていた。

この斜面にへばりついた太陽光発電所を上から撮影した写真を、ツイッター上で紹介した人がおり、その人のツイッターには「非常識だ」「信じられない急傾斜」などといったコメントが寄せられていた。そこで、その「非常識な」現場を探してみようと思い立ったわけだ。

現場に行くと、幅員4メートルほどの道路の反対側には2階建ての民家があった。呼び鈴を鳴らすと、何匹かの猫を飼っているおばあさんが出てきた。

「向かいの太陽光発電所の件で取材に来ました」と告げると、さっと顔を曇らせた。

「気がついたときには、ほぼできていたのよ。もうどうしようもない。我孫子市役所にも電話をして『こんな急斜面の太陽光発電所は勘弁してほしい』って言ったんだけど、『規制する法律がない』って言うからさ。こんなもの、台風か何かで土砂が崩れでもしたら、我が家はたまったものじゃないよ」とこぼす。

「市役所は何もできないんだよね。禁止する法律がないからね」と、おばあさんの言葉に同情するしかなかった。

太陽光発電の普及促進を訴える人々のなかには、原子力発電所建設反対を訴える人が多い。福島第一原発は、2011年3月11日の東日本大震災で発生した津波の襲来により、全電源を喪失し、炉心溶融（メルトダウン）を起こし、最後は水素爆発により、放射能を拡散させた。

小泉純一郎元首相などは、「原発は危険だ」と、太陽光発電を推奨して回っている。2017年3月に行われた千葉県匝瑳《そうさ》市のソーラーシェアリング施設の発足式では、細川護熙《もりひろ》元首相とともに姿を見せた。そしてもう一人、FIT法成立の立役者である菅直人元首相の姿もあった。

「匝瑳で成功すれば、全国各地で今より自然エネルギーが増えて農家の収入も上がる。そういう模範となってほしい。全国に、全世界に広がる第一歩だと思います。期待しています」と小泉氏は挨拶したが、そこまで小泉氏が言うほど太陽光発電は夢のあるエネルギーなのだろうか。

ソーラーシェアリングとは、太陽光発電所のパネルの下に農作物を植えることで、耕作放棄地の有効活用を図ろうとするものだ。だが、農業委員会には「大豆を植える」などと申請して農地の一時転用許可を得たはずだが、いつまで経っても作物を植えないといったケースが散見され、また、人が太陽光パネルの下に入って、トラクターなどの農業機械を入れて農作業をするため、パネルが必要以上に高い所に設置されており、そのため強風が吹くと簡単に倒れてしまう弱点がある。

実際、匝瑳市のこのソーラーシェアリングも取材したときは見た目には頑丈そうに見えたが、数カ月後に「倒壊した」と聞いた。再度直したようだが、なかなか手間のかかる代物だ。

先に記した原発事故は、たしかに由々しき事態ではあったが、東京電力は被災した住民らに補償するだけの企業としての体力がある。親方日の丸の大企業だから、ある日突然なくなったりもしない。ところが太陽光発電所は近所の家を押し流そうが、道路を寸断させようが、補償をしないケースが多発している。それが以下のケースだ。

「人災」だとしても補償はない

静岡県下田市椎原《しいはら》。幕末の駐日総領事、タウンゼント・ハリスの愛妾（異説もあるようだが）で、「唐人お吉」と言われた斎藤きちが身投げしたと伝わる稲生沢川《いのうざわがわ》からほど近い小さな集落だ。2015年9月6日、伊豆半島を通過した台風によりもたらされた豪雨が、この集落を恐怖に陥れた。

南から接近してきた台風18号。それ自体はまだ遠い南海上にあったのだが、折悪しく、西から延びてきた秋雨前線が静岡まで到達したあたりで、この台風から流れる暖かい風が前線を刺激した。昼過ぎから下田市周辺は本格的な雨となり、日が暮れたころには激しさを増していた。未明になると「ゴーッ」という音とともに山の土砂が崩落し、この椎原の1軒の空き家を押し流した。

椎原地区には、市道に面した10戸ほどの集落の背後に小高い山があり、中腹に随源院《ずいげんいん》という小さな寺がある。この寺の少し下に当たるところに、約2・9ヘクタールの敷地に1・1ヘクタールの太陽光発電パネルを敷いた中規模の太陽光発電所があった。山の麓《ふもと》に1人で住み、被害に遭った82歳の女性はこう振り返った。

「以前から雨が降ると、土砂が流れてきていました。ただ、あの日の夜はちょっと異常で、床に就いた私の耳にも石が『ゴロゴロ』って転がる音がするんですよ。『怖いな』と思うと寝られませんでしたよ。すると『ゴーッ』っていう音とともに土砂が私の家にも流れ込んできて、軒下が全部土砂で埋まりました」

この女性の家は市道から奥に引っ込んでいるのだが、土砂は市道側に流出し、女性の家の1軒隣の家を押し流した。その家には男性が1人で住んでいたのだが、男性は国土交通省の職員で四国に単身赴任中だったために難を逃れたのだった。

なぜかこの土砂崩落は、下田市からも下田警察署からも広報はされず、新聞に掲載されなかった。下田市は地元の建設業者と随意契約を結んで公費で市道の反対側の水田にまで達した土砂を片付けたのだという。

ところが、太陽光発電所の施工主は太陽光発電所が原因で土砂流出が起きたことを認め、応急的な措置はしたものの、発電所の事業者と同様に「自分の責任ではない」と主張した。完成してわずか4カ月後の災害だった。

このケースでも太陽光発電所自体に損傷はない。しかも急斜面の坂道を登った先にある平地になった土地に発電所は位置し、一見してそれほど災害リスクが高い場所だとは思えない。だが「樹木を伐採したことで、保水力がなくなり、急斜面を伝って雨水が降りてきたのは間違いない」と地元に住む男性は言った。

この太陽光発電所は東京都渋谷区の会社が事業主で、施工主は地元下田市の事実上の個人事業主。今は北海道の会社に転売されている。所有者が転々とすることによって、責任の所在はますますわからなくなる。現場はブルーシートがかけられたまま、残骸を晒している。家を流された男性に対しても、地元住民に対しても、補償はされていないという。

原子力発電所と違ってこうした「人災」が起きても、被害に遭った側が泣き寝入りをせざるを得ないケースが多いのも、太陽光発電の特徴だ。

福島市で勃発！　外資系企業同士の「仁義なき戦い」

福島市の西端に吾妻小富士《あづまこふじ》という標高1707メートルの活火山がある。この山の麓に位置する福島市佐原と桜本《さくらもと》にまたがる200ヘクタールを超す太陽光発電所建設計画をめぐって、2つの外資系企業が激しく対立し、訴訟沙汰になっている。

発端は、ある男の気まぐれだった。

福島市佐原字竹ノ森に本社を置く「あづま小富士第一ソーラー合同会社」というものがある。当初、代表社員はOという人物だった。合同会社の所在地と同じ敷地に「あづま温泉」という日帰り温泉施設があり、敷地内には3階建ての建物と同じくらいの背丈がありそうな白い観音像が立っていた。

「もとは東京都庁の移転に伴う地上げで儲けた人でね。ヘリコプターで福島に来たこともあったんだよ」と事情を知る人が話してくれたが、事務所はもぬけの殻。

近くに住む地権者に話を聞くと、「もとはあの周辺の土地は、地上げで財を成したOさんが牧場を持っていたんです。あづま小富士農場っていうね。そこに外資系でカナダ・オンタリオ州に本社がある『カナディアン・ソーラー』が、大規模な太陽光発電所を造る計画を持ってきた。あそこはO氏以外にも130世帯ほどの地権者がいて、リンゴ、牧草や野菜を栽培していた。そこで僕はカナディアン・ソーラーの代理人をやっていた企業の要請で、地権者をまとめたのに、Oさんがカナディアンより高い値を付けた『上海電力』に乗り換えたって噂が出てきた。そうこうしているうちに、福島の雑誌編集者がヤクザのような人物を私の家に連れてくるし、茨城のほうから聞いたことがない農業法人の連中がやってきて、『朝鮮人参を植えてソーラーシェアリングをやる』と言ってきた。Oさんが乗り換えたはずの上海電力側の代理人に、借金のカタに会社の経営権を取られたとか何とかで、今カナディアン・ソーラーと上海電力それぞれの代理人の間で土地の奪い合いになっているんです。Oさんも上海電力とは喧嘩別れになっているはずですよ」

登記簿を確認すると、合同会社の代表社員だったO氏は2017年4月27日に辞任。代わって業務執行役員として株式会社新電源なる会社と、千葉県流山市に住む男性、横浜環境デザインという会社の2社1人が就任していた。千葉県の人物は職務執行者としても名前を連ねている。いったいどうなっているのか。

カナディアン・ソーラーは2001年11月に創業した歴史が浅い会社ながら、2018年12月現在、モジュール生産能力は世界トップクラス。従業員は1万4000人を数え、東京都内にカナディアン・ソーラー・ジャパンがある。もっとも、本社はカナダにあるものの、現在のCEOはショーン・クーという中国・北京生まれ、清華大卒のれっきとした中国人で、ある経済サイトのインタビューによると、創業時からの主要メンバーで実質上、中国系企業といっても過言ではない。新宿区に本社があるカナディアン・ソーラー・ジャパンも代表取締役こそ日本人だが、取締役3人のうち2人は中国系と思われる名前だった。

ちなみに先に記した静岡県函南町田代の崩落事故の原因となった疑いがある太陽光発電所は、カナディアン・ソーラー系の会社が組成したファンドによる運営だ。

一方の上海電力は正式名称を「上海電力股份有限公司」といい、『月刊経団連』の上海電力日本を紹介した記事によると、同社の歴史は1882年まで遡るとされ、1949年の中国の電力約43億kWh（キロワットアワー）の半分以上を上海電力が賄っていたという名門。現在は中国国内だけでなく、世界13カ国で太陽光、風力、火力、水力の発電事業の投資・運営を手がけている。経団連にも加盟している。

もっとも上海電力の親会社に当たる「国家電力投資集団有限公司」は2015年発足時の資本金が450億人民元（70億ドル）、総資産は7223億人民元（1163億ドル）、従業員総数約1400万人の超巨大企業だ。中国電力投資集団有限公司（中電投）と、国家核電技術公司（国家核電）が合併して創設されたのだが、原子力発電事業がメインだというから皮肉だ。

上海電力は国有資産監督管理委員会（SASAC）の正式な認可を得ている。SASACは中国の国営企業を管理・監督する中国特有の組織で、中国国務院直属だ。現在の責任者は郝鵬《かくほう》という中国共産党の党委員会書記が務めている。習近平指導部の意向に沿って動く集団だといっても過言ではない。つまり上海電力の意思は中国共産党の意思であるともいえる。その日本法人が上海電力日本だ。

上海電力は、福島県西郷村、栃木県那須《なす》烏山《からすやま》市など準備中を含め、日本国内の約20カ所で太陽光発電事業を展開。だがその多くはトラブルになっている。

黒幕はいわく付きの男

あとでわかったことだが、あづま小富士第一ソーラー合同会社のO氏が代表社員を辞任したあとに職務執行者となった千葉県の男性は、「水杜《みもり》の郷」という茨城県つくば市にある農業生産法人の関係者だった。なぜ茨城県の農業生産法人が福島市の太陽光発電事業に顔をのぞかせたのか。

その謎を解くカギが、2018年9月の福島市の定例市議会における二階堂武文市議と福島市当局との質疑にあった。

市議会でのやりとりによると、同年7月2日付で福島市に対し、農業生産法人水杜の郷株式会社の名前で福島市農業委員会に農地約43ヘクタールに牧草を栽培する意向が示されたという。水杜の郷は、すでに茨城県つくば市水守《みもり》で日本最大級のソーラーシェアリング型の太陽光発電所を約120億円かけて上海電力日本とともに開発、朝鮮人参などの栽培を行っている。

この議会での農業委員会会長の答弁によると、水杜の郷は2018年8月22日、福島市佐原の佐原地区集会所で地元説明会を開き、本格的な開発に意欲を示したという。

一方のカナディアン・ソーラー側も、2017年9月と10月に地元関係者への最終的な説明会を終わらせている。上海電力もカナディアン・ソーラーも太陽光発電所を建設しようとしている土地は、ほぼ同じ場所だったのだ。

なぜこんなことになったのか。カギはO氏だった。

O氏の活動拠点だったあづま小富士農場の本社を訪れると、初老の男性がホースで水を撒いていた。O氏と水杜の郷との確執について訊いてみると、

「ああ、そのことね。ここはね、乗っ取られてんのよ」

予想外にあっけらかんと、この男性は答えた。

「Oさんはカナディアンの事業を手がけていたのだが、あるとき、上海電力とその関係者が油圧ショベルを動かしていた。O社長が『そこは俺の土地だ』って、怒ってすっ飛んでいったよ。Xという男が仕切っていたなあ」

「えっ、Xさん⁉」

その名前を聞いて驚いた。X氏は茨城県つくば市で上海電力が手がけたメガソーラーで地元対策を担当した人物だったからだ。一時は上海電力が出資した「SJソーラーつくば」の役員も務めていた。X氏は地元つくば市で恐れられていた。それにはX氏の経歴も関係していた。

X氏は22歳のころ、ある凶悪事件にかかわり逮捕され長期服役後、茨城県つくば市の有

名な暴力団組長（故人）の運転手をしていたと周囲には伝わっている。その後、実業家として銀座にオフィスを構えて不動産業を興し、南青山近辺の地上げなどに携わっていた。実家が茨城県の寺院で、凶悪事件を起こし出所したあとは僧籍を取ったようで名前を変えている。

「茨城にいるX氏がなぜ福島に？」

O氏に会って話を訊いてみないといけない。何人もの関係者を当たってやっとわかったO氏の連絡先を訪ねると、O氏は側近らしき男性を3人ほど従えて、東京都杉並区にある薄暗い事務所にいた。

上海電力が「日本最大級のソーラーシェアリング」

O氏は「Xにだまされちゃって。ほとんどの土地をあいつらに書き換えられた」と訴えた。

「丸の内の上海電力日本のオフィスで、別の内容の書類にサイン、押印をさせられた。そうしたら役員を入れ替えるという内容の書面をあとで書き加えられたんだよ。会社を乗っ取られたんだ」

O氏はそう訴えるのだが、福島市の地元住民の間では「上海電力に近づいたのは、むしろO氏のほうだ」と噂されていた。

「違うんだよ。関電工にいた電気の技術屋を呼んで太陽光事業をやらせていたんだ。関連会社をつくって社長に据えたんだよ。それがXを連れてきた。Xは上海電力のエージェントをしていたから、自然とつながりができたわけ」

だがO氏によると、氏の長男も今は上海電力のサイドに立って太陽光発電事業を進めているのだという。つまり親子は、太陽光発電事業をめぐってカナディアン対上海電力で対立しているわけだ。

O氏が言っている「乗っ取り騒動」は水戸地裁で争われた。原告はO氏、被告はあづま小富士農場、グリーンステージ福島、エスエープランニングという会社だ。このうちエスエープランニングを除く2社は、もとはO氏が経営していた会社だというのも皮肉だ。

訴状によると、O氏が経営していたあづま小富士農場は、太陽光発電の複数のＩＤ（電力会社への売電権）を所有しており、現在はカナディアン・ソーラー系の会社などに転売。多額の譲渡代金が支払われる予定だった。そのために２０１７年6月ごろ、会社の印鑑登録証明書を取得しようとしたO氏だが、それは叶わなかった。O氏は同年5月25日に代表取締役を辞任しているとの旨、登記簿謄本に記されていたからだ。

O氏はその日に司法書士が持参した書類に押印したことは認めたが、「あづま小富士第一ソーラー合同会社」が太陽光発電事業を上海電力に譲渡するための必要資料だと誤認したと主張する。

これに対し、訴えられたあづま小富士農場側は次のように主張した。

2017年5月25日の各手続きはO氏のほか、あづま小富士農場、グリーンステージ福島の取締役、監査役が全員出席し、2人の司法書士も同席していた。2017年4月末当時のあづま小富士農場は、系統連系（電気を電力会社から通してもらうこと）費用として約5億円が必要で、4月末までに内金約9800万円を東北電力に支払う必要があった。

そこでO氏が知人のF氏（関電工から呼んできた人物）を介して1億円の援助をX氏に依頼してきた。

X氏は、あづま小富士第一ソーラー合同会社を増資し、X氏が実質的に経営する「新電源」が出資して株主になることを条件に、1億円の拠出を了承した。

2017年4月27日、上海電力日本の東京・丸の内の会議室にO氏、X氏、2人の司法書士らが集まり、必要書類を作成し、エスエープランニングから9799万4880円があづま小富士第一ソーラー側に振り込まれた。

5月下旬にも5000万円をX氏は送金した。このときの条件が「あづま小富士農場、グリーンステージ福島の全株式を譲渡すること」だったと、X氏側（あづま小富士農場などが被告だが、実質上、被告はX氏とそのグループと考えられる）は主張する。

たしかに裁判所に提出された証拠のなかには送金記録も残っており、1億5000万円あまりの資金援助をしながら、X氏がO氏に何の見返りも求めなかったとしたら、それはあまりにも人がよすぎるように思われた。

裁判の場にO氏、X氏両者の争いが持ち込まれるなどの紆余曲折はあったものの、X氏側は、あづま小富士第一ソーラー合同会社を実質的に掌握すると、「芝を植えて、その上で太陽光発電を行ういわゆる『ソーラーシェアリング』をやりたい」と福島市農業委員会に申請している（O氏が計画を進めていたときには、農地転用の許可は結局、下りなかった）。

福島市農業委員会は農業生産法人水杜の郷株式会社の農地転用について、許可を申請した年月日や、申請に対して許可したか否かについて「個別事案についてでは回答していない」として明らかにしなかった。

O氏が上海電力とカナディアン・ソーラーを秤にかけて、上海電力のエージェントであるX氏に金策を依頼したところ、最終的に会社を取られてしまった、というのが真相のようだ。

だが、農業委の担当者は「福島インターチェンジ（IC）近くと、もう1カ所に大きな看板が出ていますよ。『日本最大級のソーラーシェアリング』って。工事は進んでいるようです」と説明した。その日本最大級のソーラーシェアリングで利益を得るのは、中国の実質上の国営企業になる可能性がきわめて高い。

太陽光パネルと「2040年問題」

中国の代表的な国営企業「上海電力」による福島市のメガソーラー争奪戦について紹介したが、今後、中国企業の日本の太陽光発電事業への影響力は強まっていくのだろうか。

答えはイエスだ。

太陽光発電市場に関するリサーチ・コンサルティング会社である米SPVマーケットリ

サーチの最新レポート「ソーラーフレア」によると、中国メーカーがトップ5を独占。同年のパネルの出荷量の67％は中国製といわれ、安価な販売攻勢に日米の先進国企業はまったく太刀打ちできず、この分野では中国の一人勝ちといっていい状態にある。

こうした「安値攻勢」に音を上げた当時のトランプ政権は２０１８年1月、結晶シリコン太陽電池（ＣＳＰＶ）の輸入製品に4年間、関税を課すことを決定した。

その後のバイデン政権はこのようなトランプ前政権の締め付け政策を緩和させるどころか、一層厳しく中国に接している。

２０２１年6月24日、「労働者に対する脅迫や移動の制限が確認された」として、中国のシリコン製造大手「合盛硅業」からパネルの部品となるシリコンの輸入を禁止する措置に出た。中国製太陽光パネルの約64％は新疆ウイグル自治区で生産されているといわれ、中国の太陽光パネルメーカーにこの措置は大きな打撃となっただろう。

習近平政権は終始、「アメリカの言いがかりだ」として反発する姿勢を崩していないが、中国製のシリコン価格はここ1年で5倍も高騰し、太陽光パネルもこれに加えて4割ほど上がっているのだという。

公明党の山口那津男委員長は「新疆ウイグル自治区などで起きている中国政府による人

権侵害行為を非難する国会決議」に終始消極的で、「証拠がない」と述べて、とうとう国会として決議を出せない事態に陥ったのは記憶に新しい。だが、CNNの報道によれば、中国ではウイグル人の肉体労働者が1トンにつき日本円で700円という破格の安さで、「非自発的な労働を示唆する抑圧的な戦略」によって、手作業でシリコンを砕いているというのだ。強制労働なのであれば、中国製太陽光パネルが安いのは当然といえる。

さて、こうした中国製太陽光パネルの禁輸措置ないしは制限措置をアメリカが続々と打っているなか、肝心の日本は前述したように国会が非難声明のひとつも出せない状況だ。おまけに菅義偉政権は「2050年に温室効果ガスを実質上ゼロにする」とのスローガンを掲げた。父の純一郎元首相が、東京地検特捜部に詐欺や会社法違反（特別背任）などの容疑で社長が逮捕、起訴されている太陽光発電関連会社「テクノシステム」と親しいことが知られている小泉進次郎環境相も、「住宅の太陽光発電を義務化する」だとか、国立公園では原則、太陽光発電所の新設ができないことについて「保護一辺倒で活用が進まない」と述べ、規制を緩和させると、日本経済新聞へのインタビューに答えている。

仮に菅内閣の方針がこのまま進めば、アメリカで禁輸もしくは制限された中国製の太陽光発電用パネルが日本に殺到することは目に見えている。日本はウイグル人の人権抑圧に間接的に手を貸すことになる。

国際再生可能エネルギー機関（ＩＲＥＮＡ）によると、太陽光発電能力は２０２０年、日本は世界3位であり、すでに平地面積1平方キロメートル当たりの発電量では主要国のなかで最大だ。

また、現時点で、20年後に燃やすことができない太陽光パネルが「廃棄物」として大量に出ることが予想される。鉛、セレン、カドミウムといった有害物質を含む大量のゴミが日本中のあちらこちらに不法投棄される様が目に浮かぶようだ。「２０４０年問題」ともいえる非常に由々しき事態が必ず訪れる。しかも中小・零細企業が多い太陽光発電事業者のなかに、廃棄費用まで負担できる企業がどれほどあるかは未知数で、多くは放置されたり、不法投棄されたりするのではないかと危惧されている。

経済産業省は２０２２年7月から、事前に廃棄に必要な費用を強制的に積み立てさせる制度を順次スタートさせる見込みだが、遅きに失したといわざるを得ない。

静岡県熱海市伊豆山の土石流の原因となったとみられる盛り土にしても、反対運動などが激しく、新設することが難しい管理型産業廃棄物処分場の代わりに、いかがわしいゴミがそこに棄てられていたとしか思えない実態があるのではないか。■

再生可能エネルギーが普及すればするほど日本経済は低迷し、国民は貧困化する

山本隆三（国際環境経済研究所所長、常葉大学名誉教授）

日本人は貧しくなっている。一人当たりの所得では韓国にも抜かれた。ＯＥＣＤ（経済協力開発機構）統計では、２０１９年の平均年間所得は日本３万８６００ドル、韓国４万２３００ドル。韓国が日本を10％上回っている。米ＣＩＡ（中央情報局）が米国の公務員用データとして作成している最新の『ワールド・ファクトブック』では、日本の２０１９年の一人当たり国内総生産額（ＧＤＰ）は、世界44位になっている。購買力平価と呼ばれる、その国の物価水準で調整した数字に基づくランキングなので、これが世界の中での日本の豊かさを示す指標だ。韓国は、当然日本より上位の41位だ。

約30年前、バブルが弾けた直後である1990年代初頭から半ばには、日本の一人当たりGDPは、1994年には1位のルクセンブルクに次ぐ世界2位、1995年にはルクセンブルク、スイスに次ぐ世界3位だった。当然アジア一だったが、2007年にシンガポールの一人当たりGDPが日本を抜きアジア一になった。平成の年代に日本以外の多くの国が成長を続けたが、日本は成長せず、シンガポールだけではなく豪州など多くの国に抜き去られることになった。

平成の30年間、日本経済はほとんど成長せず、デフレにより平均年収の下落が続いた。2013年からアベノミクスの効果からか、毎年年収は上昇したが、それも息切れしたのか2019年には再度下落した。働く日本人の平均年収が最も高かったのは、20年以上も前、1997年のことだ。その当時平均467万円の年収は、2019年には436万円になった。過去20年間、日本以外の多くの国では一人当たりの収入が増えた。1991年の平均年収は、韓国2万3200ドル、日本3万6900ドルと、日本が韓国を約60%も上回っていたが、いまは逆転された（グラフ1）。なぜ、日本経済は成長せず、給与は増えなかったのだろうか。

グラフ1　主要国平均賃金推移

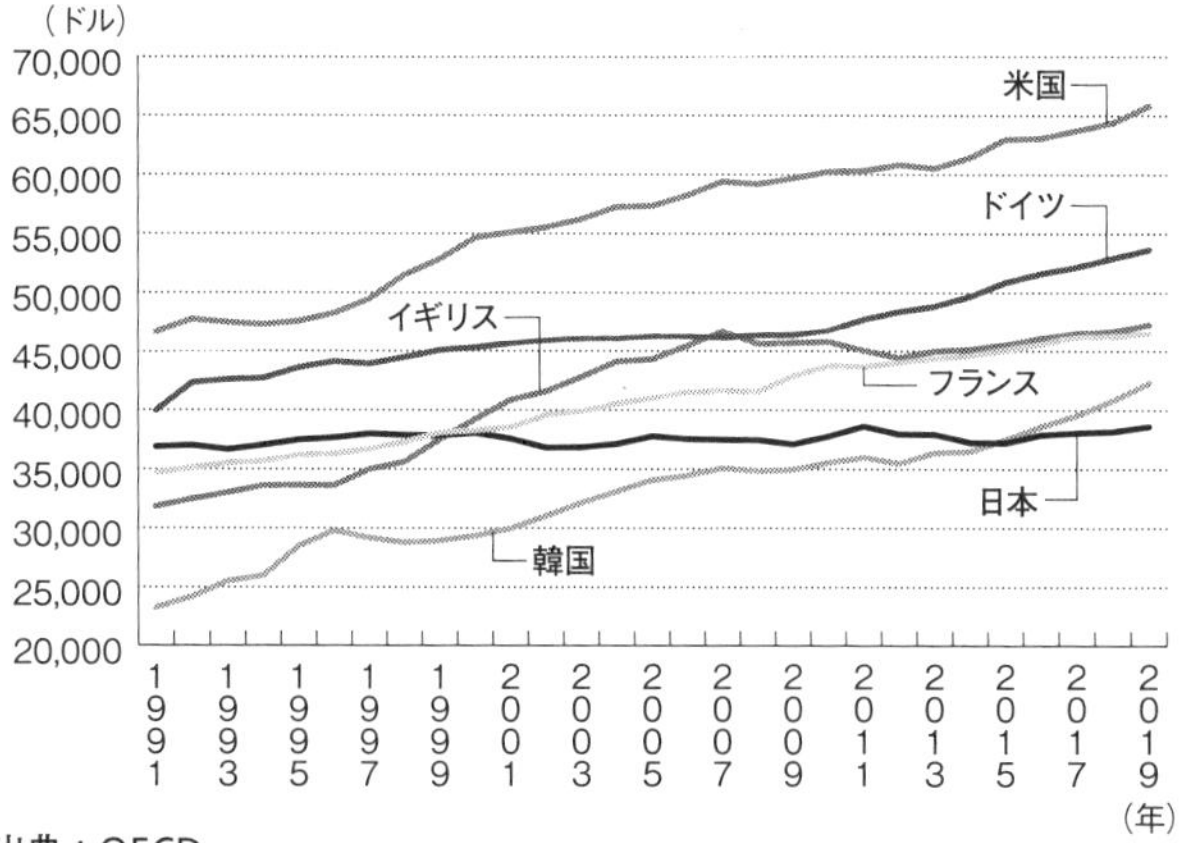

出典：OECD

日本経済低迷の原因は

1980年代から1990年代にかけ日本経済は好調だった。米国では日本製品に対する排斥運動も起こり、国会議員が議事堂の前で日本製の家電製品を壊すパフォーマンスまで行った。米国が日本に対し経済的な敵対心を燃やすのには理由があった。1995年の名目GDPでは、米国7兆6400億ドルに対し、日本5兆4500億ドル、世界のGDPに占めるシェアは、米国24％、日本17％。バブル絶頂期に、日本企業はニューヨークの象徴といわれたロックフェラーセンタービルからティファニービルまでを買い、日本経済は米国を追い抜く勢いだったのだ。

しかし、その後の日本経済は長い低迷期に入る。需要が低迷、デフレにより企業は投資することよりも借金を返し、内部留保を手厚くすることに力を入れ、消費も投資も落ち込む悪循環に陥る。将来価格が下落することが明らかであれば、待てば安く買うことができるのだから、お金を使うのを我慢し現金保有が優先されるようになる。

このデフレを決定づけたのは、小泉政権の経済政策だったとされる。ノーベル経済学賞を受賞したポール・クルーグマン現ニューヨーク市立大学大学院センター教授は、しばしば来日し、時の政権幹部と意見交換を行っているようだが、2001年に『ニューヨーク・タイムズ』紙のコラムで、小泉政権の経済財政政策担当相であった竹中平蔵氏との面談の結果を暴露し、痛烈に批判した。面談時、構造改革を行うから日本経済はよくなると説明した竹中氏に対し、クルーグマン教授は、デフレの時に供給を増やす構造改革を行えば経済はさらに悪化すると懸念を表明し、政策を批判している。日本経済がよくなることを望むが、そうはならない、状況は悪化するだろうとコラムを締めくくっている。

その後の状況については、説明するまでもない。現在、日本の名目GDPは5兆650億ドル（2019年）、中国に次いで世界3位。米国のGDPは20兆9370億ドル（2020年）、中国のGDPは14兆7320億ドル（2020年）。米国が中国に対し警戒心を持つようになったのは、民主主義や人権の問題に加え、かつての日本と同じく米国の経済覇権を中国が脅かすことになったからだ。さらに、政治体制が異なる国が米国と競うほど高度な技術を持つようになったことも米国にとり大きな懸念になった。そしていま、日本の世界のGDPに占めるシェアは、かつての約3分の1、6%になった。

それでも、日本は世界3位の経済大国の地位に変わりはないとの意見もあるだろうが、この経済力を支えているのは、日本の人口だ。いま日本の人口は1億2600万人、メキシコに抜かれ世界上位10位からは脱落したが、世界第11位の人口大国だ。先進国で日本より人口が多い国は3億3100万人の人口を有す米国だけだ。しかしこれから、日本では急速な少子化が進む。2100年の日本の人口はいまの半分以下との予測もある。その時、欧州主要国の独、英、仏それぞれの人口は日本を上回っているとみられる。日本は経済大国でもなくなっているだろう。

デフレの原因は人口減と中国ではない

どうして、これほどまでに経済成長がなかったのだろうか。デフレが最大の原因だが、エネルギー問題も影響を与えている。バブル経済が弾けた1990年代、金融機関による貸し剥がし、貸し渋りが問題になった。多くの企業が本来行うべき投資、研究開発費を絞り、資金を手元に蓄えるようになった。個別企業の選択としては間違いではないが、多くの企業が投資を控えると合成の誤謬《ごびゅう》になり、需要が落ち込み作ったものが売れずデフレになる。デフレの解消には公共投資も必要だが、小泉政権では構造改革が優先され、さらに「米百俵の精神」、今日の痛みに耐えれば将来はよくなると首相が所信表明演説で述べるほど、デフレ対策はおざなりにされ、デフレが決定づけられた。国民は耐えたが、生活はよくはならなかった。

少子化による生産人口の減少と需要低迷がデフレの原因、あるいは中国製の安価な品物がデフレを引き起こしたと主張する人もいるが、間違いだ。人口が減少する国もあるが、どこもデフレにはなっていない。日本だけの現象だ。中国からの輸入比率が日本より高い国は、カンボジア、ベトナムなど20カ国近くあるが、どこもデフレにはなっていない。中国からの輸入額が世界最大の米国も当然デフレを経験していない。日本では、製造業が設備投資額を抑制する一方、国内での雇用者数を削減した。また、公共事業が減少した建設業も雇用者数を削減した。

製造業あるいは建設業では雇用者数が減少したが、日本全体では高齢化にもかかわらず、総雇用者数に大きな変化はない。定年が伸びていることと、女性が働く比率が増えているためだ。製造業と建設業で減少した雇用者数は、医療・福祉分野、介護職での雇用者数増により吸収された。この産業構造と雇用の変化が、平均給与の減少を招き、消費が伸びず経済が成長しなくなったのだ。

製造業、建設業の雇用減少が平均給与の減少に結びつく理由は、製造業、建設業の賃金が平均より高いことにある。1990年代半ばの1500万人の製造業の雇用者数は、いま1000万人まで減少した。建設業も100万人の雇用を失った。国税庁による2019年の産業別の平均年収を見ると、全産業平均436万円に対し、製造業513万円、建設業491万円だ。一方、医療・福祉は401万円、また新型コロナ前に外国人観光客の来日者数が過去最高を更新するなど、経済に好影響を与えると期待が高まった観光産業にかかわる宿泊・飲食は260万円だ。宿泊・飲食業では、パート、非正規従業員の比率が高いから平均年収が低いように思えるが、正社員だけの給与比較でも相対的に低くなっている。

給与が高い産業で働く人が減り、給与が相対的に低い産業で働く人が増えれば、当然だが平均給与は下がっていく。日本経済の問題の一つは、給与が高い、要は生産性が高い産業が伸びず、雇用者数が多い製造業で働く人数の減少が続いたことなのだ。雇用者数が多く、給与が高い産業には、金融保険、情報通信なども相当するが、やはり雇用者数は伸びていない。

エネルギー価格も給与に影響を与えた

東日本大震災後は原子力発電所の停止が相次ぎ、電気料金が上昇した。原子力発電量の低下を火力発電でまかなったため、燃料購入量が増加したためだ。そもそも、なぜ火力発電の供給力に余力があったかといえば、電気は貯めるとコストが高くなるので、需要量に応じ発電する設備が常に必要になる。つまり、夏場のピーク需要に備え、需要量が低下する時期には利用率が低くなる設備を保有しておくことが電力産業では必要だ。需要量の変化に合わせた負荷の変更が容易な設備は火力発電なので、利用率の低い火力発電設備も出てくる。もっとも、震災直後には太平洋岸に立地する火力発電設備も軒並み被害を受け、東京電力管内では計画停電を実施することになった。

原子力発電量の低下を埋めるために火力発電所の燃料費が増加したが、そのために電気料金はいくら上昇したのだろうか。国会議員の中からは、電気料金が工業出荷額に占める比率は1・5%程度、人件費の占める比率と比較すれば影響は大したことがないとの発言もあったが、これは間違いだ。震災後、電気料金は大きく上昇し、産業用電気料金は最も上昇した時には震災前の約4割高となった。工業統計の従業員数30名以上の製造業のデータでは、震災前に3・2兆円だった電気料金が2015年には4・4兆円に膨らんでいる。この時、震災前の人件費26・5兆円は27・7兆円になっている。人件費と電気料金が同じ金額増えているのだ。人件費はせいぜい数パーセントの上昇だが、電気料金は数十パーセント上がることがある。問題はコストに占める比率の大小ではなく、値上がりが与える影響額なのだ。仮に、電気料金が上昇していなければ、給与はもっと上がっていただろう。

その後、原子力規制委員会の審査に合格した原子力発電所が運転を再開したこと、また2014年後半から燃料価格が下落を始めたことから電気料金も下がるが、大きくは下がらず、産業用電気料金は震災前より25%高いレベルに留まっている。その大きな理由は、再生可能エネルギー(再エネ)の導入を促進するため、震災後の2012年7月より開始

グラフ2　再エネ賦課金額推移

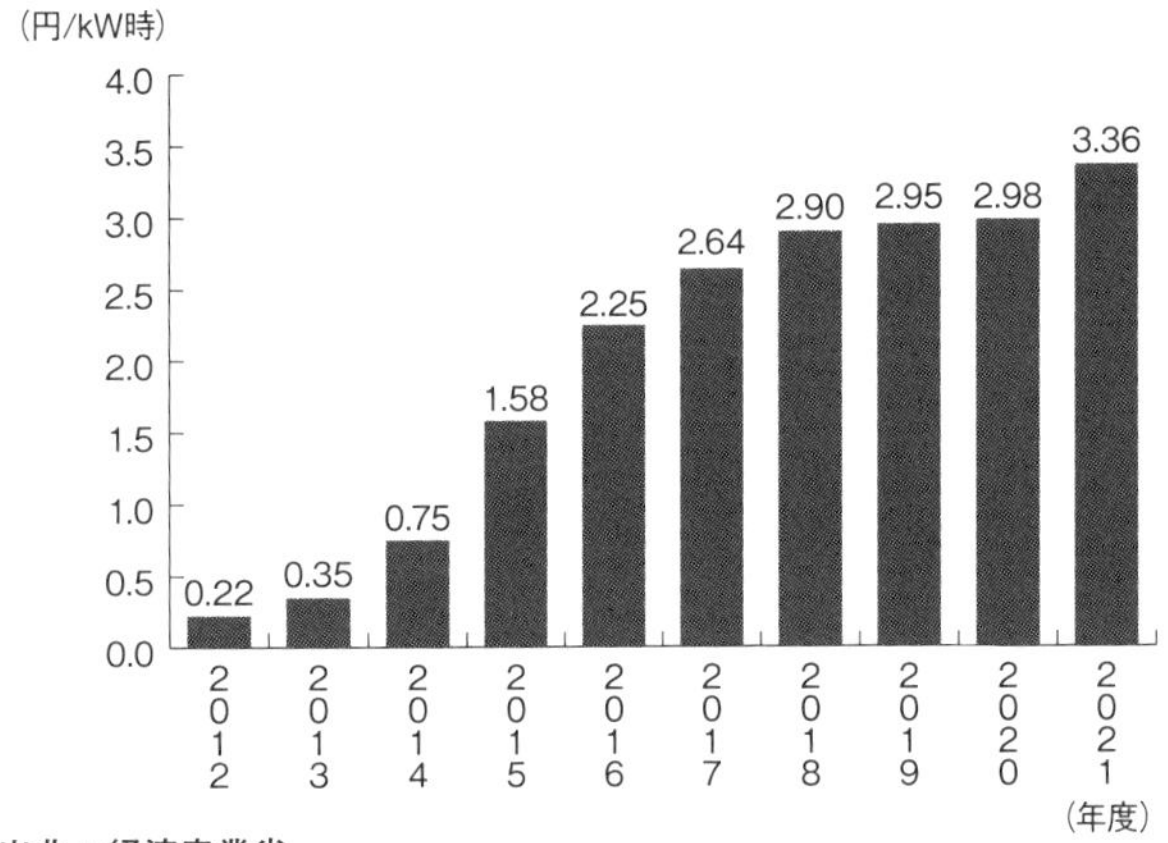

出典：経済産業省

された固定価格買取制度に基づく賦課金額を消費者が負担していることにある（グラフ2）。

この本をお読みの方の中には、2011年当時の菅直人首相が、ニュース番組に登場し再エネ支援策導入と引き換えに首相を辞任すると発言していたのを覚えておられる方もいるだろう。その時の説明では、ひと月にコーヒー1杯程度の負担で再エネ導入が進むとされていた。固定価格買取制度は太陽光、風力、小型水力、地熱、バイオマス（木片などの生物資源）の再エネから発電された電気をコストよりも高く買い取ることにより導入を支援する政策だったが、買取価格の設定が高かった太陽光発電設備の導入が爆発的に進んだ。

日照時間が長く、土地代が相対的に安い地域を中心に休耕田、空き地に多くの事業用太陽光発電設備が設置され、九州の南部、東北地方などを旅行すると鉄道線路、道路沿いに多くの太陽光発電設備を見かけることになった。日本の太陽光発電設備導入量は急増し、いま、中国、米国に次ぐ世界第3位だ。固定価格買取制度導入前の2011年度と2019年度の再エネ設備ごとの発電量を比較すると、大型ダムの開発が終わっている水力発電量849億kWhは796億kWhと増えていないが、風力は47億kWh（キロワットアワー）から76億kWhに、バイオマスは159億kWhから261億kWhになった。そんななか太陽光は48億kWhから690億kWh、約15倍と桁違いに増えた。

この太陽光発電量の増加により、再エネ導入を支援する消費者負担額は急増した。制度導入が始まった2012年の標準家庭での月当たりの負担額は、コーヒー1杯より安い57円で始まったが、2021年度の負担額は月額870円、年額1万円を超えた。再エネからの電気の買取総額は3兆8400億円、賦課金額、つまり消費者負担額は2兆7000億円になった。1kWh当たりの料金では3・36円になる。産業用電気料金の2割近くは再エネ支援のための賦課金額になる。

電気を使用している量は、家庭部門よりも産業部門のほうが多い。産業界の賦課金の負担額は、私たちの給与に影響を与えるほどの額だ。製造業では業種により出荷額当たりの電気の使用量は異なり、食品、輸送用機器などでは比較的電力消費量は少ない。一方、鉄鋼、化学、紙・パルプなどはエネルギーを多く使う産業だ。鉄鋼産業では従業員一人当たりの電気料金は年間300万円を超えている。製造業平均では従業員一人当たり年間約70万円の電気料金を支払っているが、このうちの10万円以上は再エネの賦課金額だ。製造業でなくても、デパート、スーパーマーケットなどの電気料金の支払額も巨額だ。光熱費は従業員一人当たり数十万円から100万円になる。やはり多くの企業で再エネの賦課金額は10万円を超えているだろう。仮にこの負担がなければ、私たちの給与はもう少し上がっていたのではと思われる。

なぜ、こんなにまで費用をかけ国民負担の下で再エネ導入を進めているのだろうか。エネルギー自給率向上、産業振興など、様々なプラスの側面がいわれていたが、大きな目的は温暖化対策だ。温室効果ガスの中で最も大きな比率を占める二酸化炭素は、化石燃料の燃焼により生じる。石炭、石油、天然ガスを利用する火力発電の比率を下げるためには、二酸化炭素を排出しない原子力あるいは再エネによる発電を行うことが必要になる。しかし、2010年度に11億3700万トンだったエネルギー起源二酸化炭素排出量は、再エネ導入支援策が2012年に導入されたにもかかわらず、2018年度で10億5900万トンとわずかに減少しただけだ。原子力発電所の停止に伴い火力発電所の利用率が上昇したことから、二酸化炭素排出量の大きな減少は実現していない。

いま、日本政府は2030年の温室効果ガス排出量を、2013年比46％削減する目標を掲げている。2050年には実質排出量ゼロ、脱炭素も米欧諸国などとともに目標としている。この目標達成のため、再エネからの発電量をさらに増やす計画を政府は設定しているが、再エネ発電量が増えれば、電気料金はさらに上昇することになるのではとの疑問がある。また、過去の再エネ導入は産業振興に結びついていないが、これからの再エネ設備導入は日本の産業と経済に寄与するのだろうか。

再エネが電気料金を上げるもう一つの理由

米カリフォルニア州は、温暖化対策に熱心な州として知られている。住宅を新築した際には太陽光パネルを屋根に設置することが義務化されたり、あるいは自動車からの二酸化炭素排出を抑制するため、電気自動車などの導入をメーカに求めたりしている。同州での太陽光、風力発電設備導入量は大きく増えたが、2020年8月に停電が発生した。その理由は、日没に伴い太陽光発電量がほぼなくなったにもかかわらず、熱波により冷房のため電力需要量が落ちなかったためだった。天候次第で、常には発電できない再エネ設備をバックアップするため本来は火力発電設備を維持しておくべきだが、二酸化炭素排出量削減のため州政府公共事業委員会は電力会社に火力発電設備の閉鎖と蓄電池への切り替えを要請していた。委員会は停電を受け、閉鎖予定だった火力発電設備の運転延長を一転して決めることになった。

この事例が示すように、再エネには電気を安定的に需要家に送るための追加のコストが必要になる。一番わかりやすい追加コストは、蓄電に必要なコストだ。たとえば、需要量が大きくない時にも日照と風量があれば発電されてしまうが、余剰の電気は捨てられることになる。その電気を蓄電池に貯めておき、電気の需要量が大きい時に使うことが考えられる。ただ、蓄電池のコストは高く、電気が私たちの手元に届く時のコストを押し上げることになる。火力発電設備を用意しておき電気が不足する時に発電する方法もあるが、火力発電設備の利用率は低くなり、低利用率設備の発電コストは高くなる。いずれにしても、再エネの電気を安定的に利用するには追加のコスト（システムコスト）が必要となり、その金額は決して小さくはないのだ。

太陽光発電の本当のコスト

先に述べたように2030年に2013年比温室効果ガス46%削減を実現するため、再エネ設備をさらに増やすことを政府は想定している。その頃には再エネ発電設備のコストが下落し、発電コストも下がるとの見込みだが、問題になるのは、このシステムコストだ。2030年に設備を新設した際の発電コストの試算では、太陽光の発電コストが原子力のコストを下回ったと2021年7月に報道されたが、これにシステムコストは含まれていない。発電コストは安くなっても、需要家の元に届く時の再エネのコスト全体は必ずしも安くなるわけではない。

水力発電を含め現在18%の再エネの比率は、2030年度にはいまの約2倍の36%から38%に引き上げることが目標とされ、再エネによる発電量は、電源別に次のように想定されている（カッコ内は2019年度からの伸び率を示している）。太陽光1244億kWh（1・8倍）、風力409億kWh（5・4倍）、地熱68億kWh（2・4倍）、バイオマス471億kWh（1・8倍）、水力934億kWh（1・2倍）。開発余地が少ない水力の伸び率は限定的だが、太陽光、風力はそれぞれ554億kWh、333億kWhと大きな伸びが期待されている（グ

グラフ3　2030年の再エネ導入目標

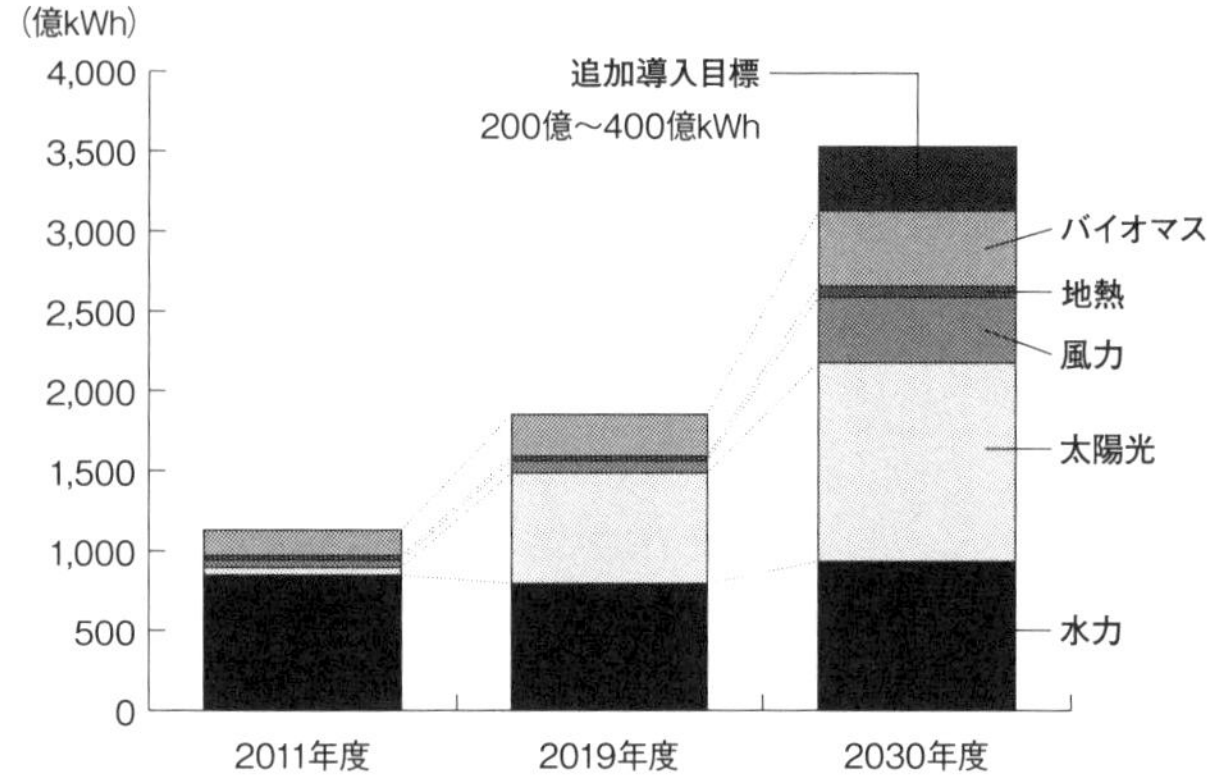

出典：エネルギー基本計画（素案）の概要、総合エネルギー統計

ラフ3）。

　しかし、太陽光発電設備の設置には、大きな面積が必要とされる。たとえば、東京の中心、千代田区全体にパネルを敷き詰めたと想定しても発電設備容量は55万kW、1年間の発電量は約6億kWhだ。ちなみに原子力発電所1基の設備が100万kW、その1年間の発電量は利用率80％の場合、約70億kWh。太陽光発電のためには、同じ発電量を得る原子力、あるいは火力発電所の数百倍から数千倍の土地が必要になる。

　すでに大量の太陽光発電設備が導入されている日本において、今後さらに太陽光発電設備を導入するスペースはあるのだろうか。政府はビルの屋上などに設置することも想定しているがスペースは限られる。また傾斜地への設備設置が招く災害などの可能性も指摘され始めている。今後は、その設置コストがいままでの設備よりも高いものになるのは間違いない。太陽光パネル価格の下落があるとしても、太陽光からの電気のコストが大きく下がることは考えにくい。

さらに政府は、洋上風力に大きな期待をしている。すでに、秋田県沖、千葉県銚子市沖などに促進地域を設定し導入を進める計画も明らかになっている。風力発電設備導入を支援するため、固定価格買取制度では、太陽光発電と比べ相対的に高い買取価格が設定されている。設備の規模により異なる買取価格が適用されるが、250kW未満の陸上風力1kWh当たり17円、着床式洋上風力32円、浮体式洋上風力36円だ。太陽光発電設備（50kW以上250kW未満）からの電気の買取価格11円と比較すれば、風力発電事業者に有利な買取価格が設定されている。

この買取価格により、洋上風力発電設備を中心に導入が進むと、私たちが支払う賦課金額も当然さらに上昇することになる。しかも、20年の買取期間が想定されていることから、上昇した賦課金額が減少を始めるまでには長い期間が必要になり、長期にわたり負担が続くことになる。家庭が負担する電気料金が値上がりし、事業者が負担する賦課金額を通し私たちの給与にも影響が続くことになる。脱炭素のため、電気料金の上昇を引き起こすことが明らかな再エネ導入策を本当にこのまま進めるのだろうか。電気料金が上昇しても、産業振興により経済にはプラスの影響があるとの主張もあるが、それもかなり怪しい。

期待できない産業振興

2020年12月に出された政府の「2050年カーボンニュートラルに伴うグリーン成長戦略」では、経済効果は2030年に90兆円、2050年190兆円とされている。同じような話は10年前にもあった。2010年、ときの民主党政権はグリーン・イノベーションによる環境・エネルギー大国戦略を打ち出し、2020年に50兆円の経済効果、140万人の環境分野の新規雇用創出を謳った。再エネ導入により経済にも雇用にも好影響が生じるとの予測だった。この戦略の結果は明らかだ。何も実現しなかった。賦課金額の負担により経済にはマイナスの影響を残しただけだった。

再エネ導入による産業振興は、まったく実現していない。固定価格買取制度により太陽光発電設備導入量の大きな増加はあったが、太陽光パネルの大半は中国企業が供給している。2000年代に供給量で世界上位にあったシャープ、京セラなどの日本企業は、中国企業と価格面で競争することができなかった。2020年の世界の太陽光パネル供給量上位を占めるのは中国企業であり、ベスト10には、韓国企業が6位、米国企業が9位に辛うじてランクインしているが、残りはすべて中国企業だ。

先に述べたとおり2030年46％削減、2050年脱炭素に向け、洋上風力に期待が高まっているが、太陽光パネルと同じことが起きるのではないだろうか。いま、世界の風力発電設備導入量は6億kWを超えているが、設備の3分の1は中国に、次いで6分の1が米国に設置されている。洋上風力発電設備はまだ3000万kW程度だが、その3分の1は英国、北海を中心にした英国を含む欧州に4分の3、残りの大半は中国に設置されている。

その風力発電設備を製造するメーカーも、市場に合わせ中国、欧州、米国メーカーが主体だ。洋上風力発電設備で中心なのは欧州メーカー、次いで中国メーカーだが、中国での洋上風力発電設備の増加にあわせ中国メーカーがシェアを伸ばしている。日本企業もかつて風力発電設備を製造していたが、いまは最近製造を開始したとする1社のみだ。これから日本で風力発電設備を導入すれば、太陽光パネルと同じく価格競争力のある中国メーカーが市場を獲得することになる可能性が高いだろう。いまから日本メーカーが、再度競争に乗り出せる可能性は薄い。

雇用も増える可能性は少ない

製品は輸入されるとしても、再エネ導入により日本の雇用にはよい影響があるのだろうか。日本の雇用統計では詳細が発表されていないが、米国労働省は再エネにかかわる雇用者数と年収の中央値を発表している。それによると太陽光パネル設置工事にかかわる雇用者は1万2000人、年収4万4890ドル、風力発電技師数は7000人、同5万2910ドルだ（2019年5月現在）。全米の雇用者数1億4700万人、年収中央値5万3940ドルと比較すれば、雇用者数は0・01％程度。収入も全職種平均に届いていない。業界団体が発表する雇用者数はもう少し多いが、太陽光発電に関する雇用の7割を建設工事従事者が占めており、導入設備量が減少すれば、雇用も減少している。日本でも太陽光、風力発電設備で働いている人を見かけることはほとんどないが、米国でも発電業務に従事している人数は少なく、ほぼ同じ設備能力がある原子力発電設備と風力発電設備とで比較すると、雇用者数はそれぞれ4万2000人と6000人、7倍の開きがある。

日米で設備に変わりはなく、また日米の産業別労働生産性、給与はほぼ同じ傾向であることからすれば、日本での再エネ導入が大きな雇用を生み出し、収入増につながることは考えにくい。製造面の雇用は中国を中心とした海外で生み出され、また再エネ導入にかかわる建設雇用は一時的であり、再エネ導入が地域での雇用増に結びつく可能性は少ない。消費者の費用負担に見合う効果はないと言える。

電源の脱炭素には、原子力も、火力発電所に二酸化炭素を捕捉する装置を設置する方法もある。再エネ導入量を増やすのであれば、経済に悪影響を与えない形で考えなければ、私たちの生活と産業に負担だけを残し、経済成長には寄与しないことになる。

さらに再エネ導入以外にも、脱炭素を目指す道筋で私たちを貧しくするものはありそうだ。

電気自動車は問題解決に寄与するのか

世界の二酸化炭素の約4分の1は自動車を中心とした運輸部門から排出されている。自動車からの二酸化炭素排出量を減らす方法として注目されているのが、電気自動車（EV）だ。電源の二酸化炭素排出量が減少することを前提に、EVに切り替えることを目指す国が多くある。英国など欧州の主要国は、内燃機関自動車販売を近い将来禁止することも決めている。欧州委員会も、２０３０年にはＥＵ内でのＥＶ台数を３０００万台にする目標を立てている。

だが、これにはＥＶ台数の増加を支える充電装置が不足するのではとの指摘も多い。また、充電時間が長くかかることから利便性を心配する声もある。そして最も大きな懸念の声は、ＥＶの価格についてだ。欧州、米国、中国などでは支援制度が導入されたことからＥＶの販売は伸びた。とくにコロナ禍からの経済回復のため大きな補助金が設定された欧州では販売台数が急増している。ただ、補助金がなければ、内燃機関自動車よりも価格が高いＥＶを購入可能な層は限定されており、内燃機関自動車の販売禁止は、ＥＶを購入できない消費者の買い替え期間を長くすることにつながる。燃費が悪い旧型車が多く残り、温暖化対策には逆行するとの指摘もある。

さらなる問題は、ＥＶには多くのレアアースが利用され、その供給の多くを中国が担っていることだ。また、かつては日本企業が供給の主体だった蓄電池も、現在は中国と韓国が担っている。政治体制が異なる国に供給を依存するリスクを回避するため、欧米は自国内での蓄電池製造とレアアース供給源の多様化を図ろうと計画している。

ＥＶ導入は自動車産業に大きな影響を与える。ＥＶは部品数が３、４割減少するため、組立工数もその分減少する。要は、雇用者数が減るということだ。さらに、内燃機関部品を製造する企業にも影響が生じる。大きな自動車産業を抱えるドイツは、内燃機関自動車の使用禁止年を打ち出していない。その理由は雇用を考えてのことと推測されている。欧州委員会は2021年7月、2035年に実質内燃機関自動車販売禁止の法案を提案したが、ドイツ政府が認めるかどうか注目される。製造が簡単なEVが主流になれば、内燃機関を得意とする日独の優位性が失われ、中国製自動車が世界市場に進出するきっかけにもなるのだ。

EVでなくても、水素を利用するトヨタMIRAIに代表される燃料電池車、あるいは燃料にガソリン、軽油ではなく、植物由来のバイオ燃料（植物は成長過程で二酸化炭素を吸収するので、燃やしても大気中の二酸化炭素を増やすことにはならない）を利用すればよい。欧米の鉄道部門ではディーゼル車を置き換える水素利用の燃料電池列車の利用が始まっている。重く、しかも嵩張る蓄電池を利用すると、電池に場所を取られるので、乗客数に制限が生じるためだ。航続距離を伸ばそうとすると電池スペースは巨大になる。大型トラック、長距離バスでの水素の利用も今後広まると考えられる。また、航空部門ではバイオ燃料の利用に加え二酸化炭素と水素から製造するE燃料の利用も想定されている。外航船でもバイオ燃料などが利用されることになるだろう。

エネルギー価格はすべてに影響を与える

電動化と水素、バイオ燃料が温暖化の解決に寄与することになるが、問題はそのコストと価格だ。電池、水素、バイオ燃料のコストは、いまの化石燃料よりも高くなる。脱炭素を進めれば、鉄道、航空、自動車すべての運賃が上昇することになる。輸送費、物流費の上昇は、私たちの生活と産業にももちろん大きな影響を与える。

脱炭素のため二酸化炭素の排出に課税するカーボンプライス、炭素税導入も議論されている。欧州では二酸化炭素排出量が多い電力、鉄鋼、化学、セメントなどの事業所に二酸化炭素の排出量を割り当て、達成できないときには二酸化炭素の排出枠の取引を通し購入する制度を導入している。日本でも同じように二酸化炭素の排出に課税し、石油、石炭などの消費を抑制する考えだ。炭素税も当然エネルギー価格を上昇させる。

たとえば、いまの電源構成で欧州並みの二酸化炭素価格が適用されると、電気料金を1kWh当たり3円程度押し上げることになる。実際には、現在課税されている石炭・石油税などとの調整が必要になるので金額は異なってくるだろうが、電気料金、あるいはエネルギー価格を上昇させるのは間違いなく、産業と家計にも影響を与えるだろう。相対的に価格競争力がある化石燃料消費量が炭素税の影響により減少すれば、代替するエネルギーを利用せざるを得ず、エネルギー価格は当然上昇する。

さらに考えるべきことは、水素あるいはバイオ燃料をどこから得るかということだ。いま、日本企業は政府の支援の下、豪州の褐炭から製造時に排出される二酸化炭素を捕捉し水素を製造するプロジェクトを進めている。水素を液化し輸送することが考えられているが、エネルギーの輸入は自給率とコストに影響を与える。技術あるいは燃料を他国から輸入することが必要になると、日本のエネルギー価格が上昇する。結果、企業も国際競争力を失うことになる。二酸化炭素を排出しない原子力、再エネ、二酸化炭素を捕捉する火力の電気を使い、水の電気分解による水素の国内製造も考える必要があるだろう。

地球環境のための温暖化対策、脱炭素に反対する人は少ないだろう。だが、脱炭素によりエネルギー価格、電気料金が上昇し、産業の負担を通し私たちの給与にまで影響を与えることを多くの人は認識していない。家計と産業にすでに大きな影響を与えている価格上昇をこれ以上受け入れられるのだろうか。脱炭素をどのように行えば、経済に悪影響を与えることなく進めることが可能だろうか。

送電網がつながりパイプラインが縦横に走る欧米と日本では事情はまったく異なる。欧米諸国と同じことを実現したときのコスト負担が大きく異なることを踏まえたうえで、対策を進めるべきだ。たとえば、欧米中露が開発を進める安全性とコスト競争力に優れるとされる小型モジュール炉（ＳＭＲ）を日本で製造し導入することにより、大きなコストをかけずに脱炭素を進めることが可能かもしれない。ＳＭＲで水素を製造すればコストが下がる可能性もある。脱炭素のための負担増は再浮上が難しいほどの日本経済の低迷を招くことになる懸念があるだけに、経済情勢と産業構造が異なる欧米と同じことをするのではなく、経済と国民生活を考えた脱炭素路線を目指すべきだ。■

第二章
正義なき
グリーンバブル

急進的「脱エンジン」宣言は投資家のため？ 欧州メーカーの「EV戦略」にトヨタが怒る理由

岡崎五朗（モータージャーナリスト）

２０２１年７月14日。ＥＵの行政執行機関である欧州委員会が、２０３５年にハイブリッド車を含むエンジン搭載車の新車販売を禁止する「草案」を提出した。２０３５年と言えば、わずか14年後。次のクルマはエンジン付きが許されるが、その次に買うクルマはＥＶかＦＣＥＶ（水素燃料電池で発電した電力で走る電気自動車）に限定される、というタイムスケジュールだ。ただしＦＣＥＶ開発で遅れをとっている欧州の状況を考えれば、事実上ＥＶに絞った一本足政策と考えるべきだろう。

電気自動車？　電気は足りるの？　発電するときに二酸化炭素出してない？　航続距離

が短いよね？　充電にも時間かかるんでしょ？　そもそもうちの駐車場に充電器付けられないいんだけど？

日本人が抱くであろう素朴な疑問は欧州人でもそうは変わらないはずで、少し考えればこの草案がいかに実情を無視したものであるかがわかる。加えて、詳しくは後述するが、すべてのクルマをＥＶ化するだけのバッテリー生産量を確保できる見込みは薄く、仮に確保できたとしてもエンジン車はもちろんハイブリッド車と比べてかなり高価格になってしまう可能性が高い。

私はＥＶを全否定するつもりはない。最近はバッテリー性能が上がり、数百キロメートルの航続距離を実現したものも登場しているし、静かさと滑らかさと速さを高度にバランスしたドライブフィールも上等だ。自宅に充電器を設置でき、かつ割高な購入価格が気にならない富裕層には悪くない選択だと思う。複数台所有ならなおのこと１台はＥＶでもいいだろう。

しかし、欧州委員会が打ち出してきた、エンジン車やハイブリッド車を完全に排斥し、すべてをＥＶにするという極端な案となると話は別だ。ＥＶの開発はまだまだ発展途上であり、広く庶民に行き渡らせるには幾重の技術的ハードルを越えなければならない。そんな商品を普及させるにはとんでもない額の補助金を付けて無理やり売る必要があるが、コロナで疲弊した各国経済にそれを許し続けるだけの余裕はない。

ならばなぜ、そんな無茶な計画を欧州は採用してしまったのか。いや、実はまだ決定されていない。だから「草案」なのだ。今後、欧州議会や各国議会によって精査されることになるが、自動車メーカーだけでなく部品メーカーを含めた産業構造を一変させるだけの大事だけにシャンシャンで決まるはずはなく、環境派と現実派の間で激しい議論が巻き起こるだろう。結論が出るまでに2年はかかるはずだ。その過程で骨抜きとまではいかないにしろ、かなり角が取れるかもしれない。いやそうなる可能性はかなり高いだろう。にもかかわらず、日本の大手メディアの手にかかると「EU、2035年にハイブリッド車も禁止へ　EV化加速」(「朝日新聞デジタル」2021年7月14日配信)というミスリードな見出しになってしまうのが不思議でならない。

「エンジン車は終わった」の〝グリーントーク〟に群がるESG投資筋

日本が得意なエンジン車やハイブリッド車を締め出し、EVを推進する。国家、あるいは地域ぐるみのゲームチェンジによって覇権を握ろうとしているのが、ドイツを中心とする欧州自動車メーカーの戦略だ。しかし、今回の欧州委員会の動きはあまりに急進的すぎた。

その動きを事前に察知したドイツ自動車工業会は「EV普及の準備ができていない状況でのエンジン車とハイブリッド車の禁止は合理的ではない」「特定の技術を禁止し未来を一本化する政策はイノベーションの阻害につながる」といった論調の反対声明を出してきた。意訳すれば「EVシフトはいいんだけどさ、ちょっと冷静になりましょうよ。でなければ日本を潰すより先に我々が倒れちゃいますよ」となる。

それはそうだ。口ではEV、EVと言いながら、彼らの主力商品は依然としてエンジン車だ。EVシフトにもっとも前のめりなフォルクスワーゲンですら、2020年の西ヨーロッパにおけるEV販売比率は5~6%にすぎない。2030年にはこれを70%以上まで引き上げたいと言っているが、鳴り物入りで登場した新型EV、「ID・3/ID・4」の販売はVWの思惑どおりには伸びていないのが現実であり、目標達成のめどはまったく立っていない。

そしてここが重要なポイントだが、仮にいくつもの幸運が重なってEV比率70%を実現できたとしても、残りの30％のクルマにはエンジンが搭載されているということ。コストが高いＥＶは売っても売っても儲からないため、巨額のＥＶ開発資金を捻出するためには利幅をとれるエンジン車をしっかり売らなければならない。でなければ経営が成り立たないのだ。いや、それでも足りないのが現実だろう。

そこでフォルクスワーゲンＣＥＯのヘルベルト・ディース氏は驚きの行動に出た。ことあるごとにツイッターでＥＶの輝かしい未来と、エンジン車を貶めるツイートをしはじめたのだ。これは環境投資を呼び込むためのあからさまな口プロレスである。テスラの株高に刺激され、もはや自前では賄いきれなくなった資金を調達するにはＥＳＧ投資筋がお気に召すような〝グリーントーク〟をするしかないと考えたのだろう。しかし現実には、「エンジン車はもはや終わった」とツイートしながら、せっせとエンジン車を売っている。ちなみに、２０２１年８月現在、フォルクスワーゲンの日本市場でのラインナップにＥＶは１車種も存在しない。

フォルクスワーゲンと言えば、２０１５年に起こり幹部の逮捕にまで至ったディーゼルゲート事件にも触れないわけにはいかない。燃費がよく＝二酸化炭素排出量が少ない、かつ排気ガスがクリーンという謳い文句で彼らは積極的にディーゼルエンジン車を販売していた。主力車種であるゴルフの先代モデルがデビューした2013年、なぜハイブリッドをやらないのかという質問に対し、「我々にはクリーンディーゼルがあるからだ」と胸を張って答えたのは今でも強く記憶に残っている。

しかしそれはウソだった。エンジンをコントロールするコンピュータに不正プログラムを仕込み、排ガス試験時のみクリーンな状況を作りだし、通常走行時には基準をはるかに上回る大量の窒素酸化物を出していることが明るみになったのだ。これをきっかけに、ディーゼルエンジンと自動車メーカーに対する信頼は地に墜ちた。かといって、「ディーゼルがあるから」とハイブリッド開発を進めてこなかった彼らは、二酸化炭素削減につながる手持ちの技術を持っていなかった。そこで一気にEVへと舵を切ったのである。不正をやらかし、それを挽回するためにエンジン車やハイブリッドを悪者に仕立て上げ、その一方でいまだエンジン車を涼しい顔で売っている。これはもうどう考えても正義ではない。

しかし、ディースCEOの一連のツイートに投資家たちは反応し、フォルクスワーゲンの株価はCEOがツイートを開始した2021年1月末から2カ月あまりで50%も跳ね上がった。これがESG投資の実態だ。あくどいことをして儲けている企業ではなく、E（環境）、S（社会）、G（ガバナンス）を基準に投資を決定する、つまり世のため人のためになる真っ当な企業を応援しようというＥＳＧ投資の思想は間違っていない。しかしそれが、いつのまにかＥＶバブル投資にすり替わってしまった。

トヨタは１９９７年の初代プリウス発売以降、１５００万台を超えるハイブリッド車を世界で販売し、１億２０００万トンの二酸化炭素排出を削減した。これは東京都と同じ面積の森林が吸収する二酸化炭素の62年分、ガソリン消費量で言えばドラム缶２・３億本分の削減だ。充電ステーションや発電所、送電網といった電力インフラに依存せず、ガソリンスタンドで給油をするだけで走行でき、価格的にもリーズナブルな商品だからこそ普及し、環境に大きく貢献した。

しかし、そのトヨタが「ハイブリッドに固執したＥＶ反対論者」として非難されＥＳＧ投資の対象から外される一方で、実現の見込みの薄い急進的ＥＶシフトを掲げるフォルクスワーゲンが喝采を浴び資金が集まる。それがＥＳＧ投資の実態だとすれば、そこには合理性も正義も見つけられない。世界経済に多大な悪影響を与えたリーマンショックは不動産がネタだったが、それが環境問題という誰もが表立っては反対しにくい新ネタにすり替わっただけの話だ。ＥＳＧ投資は環境を利用した金融セクターの新たな金儲けの手段と化している、と非難されても仕方ないだろう。

100%EVにしても脱炭素にはならない!?

そもそもEVはなぜここまでもてはやされるのだろうか。

背景にあるのが温暖化対策の枠組みであるパリ協定の長期目標だ。地球温暖化によるさまざまなリスクを軽減するため、2050年の気温上昇を産業革命前に対してできれば1・5℃、少なくとも2℃に抑える。そのためには温室効果ガスである二酸化炭素を大幅に削減する必要があるのだ、という学説に基づいて導き出されたのがカーボンニュートラル、あるいは脱炭素というキーワードだ。

ハイブリッドは燃費低減効果はあるものの、エンジンを使っているため走行中に二酸化炭素が出てしまう。ガソリンを燃やす以上、二酸化炭素は減らせてもゼロにはならない。その点、バッテリーに蓄えた電力でモーターを駆動するEVからは、二酸化炭素が一切出ない。とてもシンプルな話だ。たった数行で説明できる。このわかりやすさがEVバブルの本質である。

しかしこの議論には重要な視点が欠けている。果たしてその電気はいったいどこから来るのか、という点だ。自宅の屋根にソーラーパネルを付けている人は別として、EVは発電所から送られてくる電気で充電する。その発電所が火力発電所であれば、二酸化炭素の出口がクルマの排気管から発電所の煙突に変わっただけだ。発電構成は国によって異なるが、石炭火力発電の多い中国やインドではハイブリッドからEVに置き換えると二酸化炭素は逆に増えてしまう計算になる。

つまり、EVの普及と発電構成の改善はセットで進めなければ意味がない。さらに、EVの心臓部であるリチウムイオンバッテリーは、製造時に大量の二酸化炭素を発生する。クルマが製造されてから廃棄されるまでのトータルでの二酸化炭素排出量を示すLCA（ライフ・サイクル・アセスメント）で眺めるとEVはさらに不利になる。LCAはまだ学問的に確立されたものではないため、前提の置き方によって結果に差が出るが、世界はLCA基準で二酸化炭素排出量をカウントする方向へと向かっている。その際、個々の工場や企業、あるいは地域単位で「うちは再生可能エネルギーを使ってバッテリーを生産していますよ」と言ったところで、書類上はクリーンになるのかもしれないが、トータルでの二酸化炭素削減にはつながらない。

つまり、もし本気で二酸化炭素を減らしたいのであれば、製造時やリサイクル、廃棄時に使われる電力を含め、すべての電力を原子力発電や再生可能エネルギー由来にしなければば、たとえ100％EVにしても脱炭素にはならないということだ。

EV以外は決して認めようとしない原理主義者たちは、「発電構成がどんどんよくなるのだから、それに備えてEVを選ぶのが正義だ」と簡単に言う。たしかに石炭火力発電が減り、LNG（液化天然ガス）や石油も減り、太陽光や風力発電が順調に増えていけばそういうことになる。

しかし、すでに面積当たりの太陽光発電容量がダントツ世界一の日本には、太陽光パネルの設置場所がほとんど残されていない。だから森林を伐採してまでメガソーラーを建設している。水力発電用のダム好適地も、あらかた開発し尽くしている。頼みの綱の風力発電もコスト競争力改善のめどは立っていない。当然ながら、原子力発電をそうやすやすと増やせない事情が日本にはある。

それでも再生可能エネルギーを主体にしていくというのなら、電気料金が現在の2倍に跳ね上がることを覚悟する必要がある。家庭用は歯を食いしばって耐えたとしても、製造業はそうはいかない。安い電力を求めて海外に出ていくしかなくなる。そうなれば雇用は失われ、GDPは落ち込み日本はますます貧しい国になっていくだろう。それでもカーボンニュートラルが重要だと強弁するのなら、もはや「健康のためなら死んでもいい」と同じ理論である。

人権、環境汚染問題も孕んでいるEVシフト

EVを推進していくうえで解決しなければならないことはまだある。価格の高さと十分なバッテリー量の確保、人権、環境汚染問題だ。

まずは価格から。「EVはたしかにまだ高い。でもパーツ点数が少ないから大量生産が進めばコストは劇的に下がっていく」と言う人がいる。河野太郎行政改革担当大臣もそのうちの一人だ。開いた口が塞がらない。たしかに一昔前と比べるとEVの価格は下がってきた。それはEVの心臓部であるリチウムイオンバッテリーの価格が下がったからだ。そしてEV推進派の人たちは、これまでも下がってきたのだから今後も下がり続けると主張する。

しかし、ことはそう単純ではない。EVのコストを引き上げているバッテリーに注目すると、ニッケル、リチウム、コバルトといった原材料コストがその3分の2を占める。問題は、世界中で計画されているバッテリー大増産計画に見合うだけの原材料が確保できな

いことにある。需要と供給のバランスが崩れれば原材料コストは上がり、バッテリー価格も上昇する。そうなれば、販売価格を引き上げなければ利益が出なくなる。つまり、売れれば売れるほどEVは高くなる可能性があるのだ。国の舵取りの一端を担う国務大臣が、その程度のことも理解していないのは困ったものだ。

次に量の確保と人権、環境汚染問題。現在、バッテリー原材料の多くは中国が握っている。世界各地に鉱脈は存在するが、中国との価格競争に敗れて閉山に追い込まれた鉱山も少なくない。その背景には安い労働力と、精製時に発生する有害物質の処理に十分なコストを払っていないからこその高い価格競争力があった。バッテリーの発火リスクを下げる役割を担うコバルトはコンゴ民主共和国が埋蔵量、生産量ともに世界1位（その多くが中国に輸出されている）だが、児童労働がたびたび問題視されている。

つまり、安いバッテリーを求めれば中国に頼らざるを得ず、しかし環境汚染や人権問題を考慮すればコストの高い国での生産に切り換えるしかない。これもバッテリー価格の上昇圧力となる。いま、多くの自動車メーカーが意欲的なEV生産計画をぶち上げ各地にバッテリー工場の建設を始めているが、コスト削減が目論見どおりにいかなければ（おそらくそうなる）計画は立ちゆかない。弁当屋を立ち上げたはいいが、米の仕入れ価格が高くなり薄利多売のビジネスモデルが崩壊し、大量に準備した炊飯器の稼働率が落ちて赤字に陥る……といったことが実際に起きる可能性はかなり高い。

自ら退路を絶ったホンダ

こうした状況に、かねてからひとり警笛を鳴らしてきたのがトヨタの豊田章男社長だが、欧米メーカーのトップからもさすがに疑念の声が出はじめた。プジョー、シトロエン、フィアット、クライスラー、ジープなど14のブランドを傘下に持つ大手自動車メーカー、ステランティスのカルロス・タバレスCEOだ。

「各国政府が主導するEVシフトはクルマを裕福な人々にしか手の届かないものにしてしまい、結果として多くの人々が環境性能の低いクルマに乗り続けることになるだろう。これはカーボンニュートラルに逆行する。また、手頃な価格を維持できなければ人々の移動の自由を奪うことにもなり、現代の民主主義にとって大きな問題となる。ユーザーに自転車に乗るか高価なEVを買うかという厳しい選択を強いるのではなく、カーボンニュートラルは手頃な価格で買えるハイブリッドなど複数の選択肢を活用しながら進めていくべきだ」

1台でハイブリッド車50~100台分のバッテリーを必要とするEVビジネスを成功させるにはバッテリーを安く大量に調達することが必要だが、タバレスCEOはその部分に関して懐疑的な立場をとっている。

そうは言ってもホンダもGM(ゼネラルモーターズ)もメルセデスも脱エンジンを宣言しているではないか? と、報道を通じて考えている人も多いだろう。たしかにホンダは、三部敏宏新社長が就任会見で2040年の脱エンジンを宣言した。それに先立ちGMも2035年の脱エンジンを表明した。しかしGMは「脱エンジンはコミットメントではなく目標であり、ユーザーがエンジン車を求め続けるのであればそれに応える用意はある」とも表明。「全車EVに 2030年まで」とメディア(『毎日新聞』)が報じたメルセデス・ベンツにしても、本国の英文リリースをきちんと読めば「マーケット状況が許すなら」という注釈付きのステートメントであることがわかる。つまりGMもメルセデスも「世間受けを狙ってEVと言ってみたけど、マーケットの実情を考えればそんなことになるはずないもんね、へへへ」というのが本音だろう。

問題はホンダである。社長のスピーチにGMやメルセデス・ベンツのような逃げ道は一切含まれず、2040年の脱エンジンはホンダとしての世界に向けたコミットメントとして発信された。それは私には、自ら退路を断った特攻作戦にしか見えない。もちろん、できる根拠があるならそれはそれで結構。どんどん進めればいい。しかし、スピーチに続くQ&Aセッションでは、こともあろうに「バッテリーの価格、発火リスク、原材料確保、充電インフラ、電源構成など、EVにはさまざまな課題がある」と困難な理由を並べ、しかし「高い目標にチャレンジするのがホンダだ」と締めくくった。つまり、できるかどうかはわからないけど、とにかくそれでいくと決めたというわけだ。

どこかで聞いたことのあるロジックだと思ったかもしれない。そう、小泉進次郎環境大臣の「おぼろげながらシルエットが浮かんできた2030年の二酸化炭素46%削減」である。この発言が炎上した同大臣は、早速「ホンダさんも2040年に内燃機関を廃止すると言ってますし」と、政府方針の正当化を図ってきた。

危険なのは、こうした根拠のないお花畑のような目標が互いに連鎖し拡大、既成事実化していくことだ。実際、エネルギー基本計画から各種産業政策まで、各省庁は根拠なきお花畑論に向かって突き進み始めている。政治主導と言えば聞こえはいいが、根拠なき目標を達成するための手段には必ず歪みが出る。しかも、狡猾な海外勢と違い、日本政府もホンダも逃げ道を確保せず、世界に向けて「約束」をしてしまった。今後この約束に縛られた日本の製造業は、果たして世界と戦っていけるのだろうか。

「デジタルとグリーンで戦う日本」の空虚

日本のGDPにおける製造業の割合は20％。政府の言う「日本はデジタルとグリーンで戦っていく」などという言葉は、5兆ドルの20％＝100兆円という現実の数字を前にして空しく聞こえる。それでもカーボンニュートラルとEVシフトを進めるのであれば、最低でも国内での自動車生産量に見合ったバッテリー工場と原材料、安くてクリーンな電源、半導体の確保に政府は全力で対応するべきだ。しかし、政府の動きは鈍い。南鳥島近海で発見されているレアアースの採掘にしても、民間でやりたいところがあるならどうぞという消極的な姿勢であり、その間に周辺海域には中国の調査船が多数押し寄せている。

2021年3月11日、豊田社長は日本自動車工業会会長としてこのように語った。

「同じクルマでも日本の工場で生産したクルマと、（原子力発電の多い）フランスの工場でつくったクルマとでは生産段階を含めたトータルの二酸化炭素量が大きく異なります。

日本でつくったクルマは二酸化炭素を多く排出するからダメだとなったら、自動車産業が稼いでいる外貨15兆円が限りなくゼロになり、自動車業界で働く550万人のうちの70万から100万人の雇用に影響が出てくることになります」

それでもトヨタが潰れることはないだろう。日本を捨て、工場、あるいは本社ごと海外に出て行けばいいだけの話である。しかし、日本という国に逃げる場所はない。ここでやっていくしかないのだ。だからこそ、この国を繁栄させ国民の幸福を最大化する環境を整えるのが政府の存在理由である。にもかかわらず、再エネ資源に乏しい自国の立ち位置を説明することもなく、日本が誇るハイブリッドをはじめとする優れた各種省エネ技術をアピールすることもなく、ただただ海外の目を気にし、カーボンニュートラルと決めたからキミたち頑張ってねと民間に無理難題を押しつけるだけの政府。

経済一流、政治は三流と言われて久しいが、このままでは経済までもが三流になってしまう。■

過激化する欧州「脱炭素」政策の真相
環境NGOとドイツ政府の〝親密な〟関係

川口マーン惠美（作家）

長らく低迷していたドイツのインフレ率が2021年7月、前年同月比で3・8％を記録した（過去10年の平均は1・3％）。分析に当たった連邦統計局は、コロナ対策として軽減されていた消費税率が元に戻ったこと、サプライチェーンの混乱が続いていること、活動を再開したサービス業界などが消費拡大に便乗して値上げをしていることなどを原因として挙げたが、果たしてそうだろうか。というのも、内訳をよく見ると、投資財、耐久消費財、一般消費財の値上げ率は、それぞれ前年比で1・3％、1・8％、1・5％にとどまっているのに対し、エネルギーだけが16・9％と群を抜いているのだ。

ドイツでは2020年11月、燃料排出量取引法の改正版が発効した。いわゆるカーボン・プライシング、CO_2の排出に課金する法律だ。厳密には税金ではないが、その性格が税金と瓜二つなので、「炭素税」と呼ばれている（本稿でも「炭素税」を使う）。

ドイツの炭素税は、2021年現在、CO_2 1トン当たり25ユーロ。そのため、4月のガソリンは前年の同月に比べて24・8%、ディーゼルは19・5%も値上がりした。しかも、来年は1トン当たり30ユーロ、再来年は35ユーロと毎年上がり、2025年には55ユーロとなる予定だ。ガスや暖房用のオイルも、当然、炭素税の影響ですでに値上がりしている。

ガソリンとディーゼルの高騰に関しては、現在、多くの人たちがホームオフィスだったり、外出を控えていたりで、まだ大きな抗議の声は上がっていないが、そのうち人の移動が戻り始めたら状況は変わる。ましてや、今後も上がり続けると知れば、皆、黙ってはいないだろう。ちなみに、フランスで長く続いたイエローベスト運動の原因は、ディーゼルの値上げだった。

いずれにせよ、今回、ドイツでインフレ率が上がっている一番の原因は炭素税だと考えるのが当然かと思うが、どのメディアもそれに言及するのを避けている。なぜか？

習近平がEUの「国境炭素税」に抗議

炭素税の負担は一般家庭だけではなく、まさしく産業界を直撃する。2022年、ドイツですべての原子力発電所が停止すれば、当面はガスがその代替となる予定だから、炭素税とはまだまだ縁が切れない。ドイツ連邦銀行のヴァイトマン総裁は、2021年末にはインフレ率は5％に迫るだろうと予測している。

インフレは、好景気でお金が回っているなら国家経済にとって良い兆候だが、現在はその限りではない。炭素税は景気の向上を伴わない増税に等しく、強引にやれば産業は競争力を無くし、企業は海外に逃げる。ドイツ政府はそれがわかっているため、国際競争に晒されている産業に対しては、炭素税の免除や軽減措置といった抜け道を準備している。化学、鉄鋼、セメント、ガラス、アルミ、精油、製紙などの業種がその恩恵に与《あずか》れるらしい（電力会社は国際競争と関係がないとして恩恵は受けられない）。

一方、EUも、「世界規模でのCO_2削減の促進」という御旗を掲げつつ、実は、EU域内の企業の優遇に躍起だ。すでに2021年3月、EUの内閣ともいえる欧州委員会が、CO_2を排出して生産されたEU域外からの輸入製品に、「国境炭素税」という関税をかけることを決めた。欧州委員会の委員長はドイツ人のフォン・デア・ライエン氏だ。「国境炭素税」に関しては、CO_2排出を理由にこのような保護関税を設けることが許されるのかどうかが甚《はなは》だ疑問だが、もし、これがアリなら、ガスや石炭由来の電気で造った製品はEUで競争力を失うのだろうか。

中国の習近平国家主席はメルケル首相との電話会談で、「気候温暖化対策が、地政学上の目的や、他国に対する攻撃や、貿易障壁の言い訳に使われてはならない」と強く抗議したという。日本製品に関しては、今のところ、対象項目が限られるのでそれほど影響がないとも聞くが、安心は禁物。EUは日本の味方ではないし、規則はしょっちゅう変わる。穿《うが》った見方をするなら、「国境炭素税」は、中国や日本の製品をEUから締め出すための作戦かもしれないのだ。

さて、ドイツが主導し、EUの欧州委員会がどんどん進めていく温暖化防止対策だが、肝心のEU内の足並みは揃っていない。炭素税すらバラバラで、水力と原子力で電気を賄っているスウェーデンがCO_2 1トン当たり115ユーロという破格の値段をつけているかと思えば、石炭が主力のポーランドは0・1ユーロだ（ちなみに日本はユーロに換算すると2・5ユーロ）。

このように足元の基盤も固まっていない状態のEUで、しかもこれからロシアのガスを大量に輸入しようとしているドイツが先頭に立ち、世界のCO_2削減のルールを作るという話には無理がある。

グリーン・ロビーの強大な権力

2021年4月30日、独大手紙『ディ・ヴェルト』のオンライン版に、「過小評価されるグリーン・ロビーの権力」という長大な論考が載った。(https://www.welt.de/wirtschaft/plus230760047/Greenpeace-WWF-BUND-Die-unterschaetzte-Macht-der-gruenen-Lobby.html)

綿密な取材の跡が感じられる素晴らしい論文で、久しぶりにジャーナリズムの底力を感じた。著者はアクセル・ボヤノフスキー氏とダニエル・ヴェッツェル氏。

この論文には啓発されるところが多く、ドイツのエネルギー政策の謎が少し解けたような気がした。巨悪に立ち向かう弱小な組織といったイメージの環境NGOが、実は世界的ネットワークを持ち、政治の中枢に浸透し、強大な権力と潤沢な資金で政治を動かしている実態。多くの公金がＮＧＯに注ぎ込まれている現状。そして、批判精神を捨て、政府とＮＧＯを力強く後押しするメディア。本稿では、二人の著者が取材したそれらショッキングな内容を随時紹介しながら、私なりにドイツ政府の進める危ないエネルギー政策を検証してみたいと思う。

論文はまず、前述の炭素税（燃料排出量取引法）から始まる。著者らは書く。「彼女が自分の周りの人たちに意見を訊くと、こういう法律ができ上がる」と。彼女というのはスヴェニア・シュルツェ環境相（ＳＰＤ・社民党）。環境原理主義者ともいえる人物で、私の目にはＳＰＤより緑の党の政治家に見える。

ディ・ヴェルト紙によれば、２０１９年10月19日、シュルツェ氏は、手がけていた同法の素案を65の機関に送ったという。法案を固める前、それを関係諸機関に提示して意見を訊くことは通常の作業にすぎないが、ただ、この時の送り先には、グリーンピース、グリーンウォッチ、ＤＵＨ（ドイツ環境援助）、ＢＵＮＤ（ドイツ環境・自然保護連盟）、ＷＷＦ（世界自然保護基金）など、有名な環境団体がずらりと名を連ねていた。一方、脱石炭の深刻な影響を受けるはずのバイオ燃料の組合や、石油を扱う中小企業の組合、農業組合などは蚊帳の外に置かれた。その後、この法案は２０１９年12月に議会を通過。それが昨年11月に改正され、現在施行されていることはすでに記した。

環境NGOは地味な草の根運動を装っているが、エネルギー政策、および地球温暖化防止政策に与える影響力という意味では、今や産業ロビーを遥かに凌いでいるという。2011年の福島第一原発の事故の後にドイツ政府が招集した倫理委員会では、電力会社の代表や科学者ではなく、聖職者や社会学者が加わって2022年の脱原発を決めたが、8年後の2019年、脱石炭について審議するために招集された「成長・構造改革・雇用委員会」(通称・石炭委員会)では、NGOの代表者が聖職者に取って代わっていた。脱石炭を審議する会議なのに、石炭輸入組合の代表は傍聴することさえ叶わなかったというのが信じ難い。

ドイツは伝統的に石炭をベースに発展してきた国で、発電は今も4割を石炭と褐炭に依っている。長年続いたこの産業構造を、突然トップダウンで終了させるのは、かなり無謀な計画だ。性急な脱石炭は、企業の株主の権利を侵し、また、何万もの炭鉱や関連業種の労働者から生活の糧をも奪うことになる。

そこで石炭委員会は各方面への補償と影響を受ける州の産業構造改革のため、2038年までに少なくとも400億ユーロを投下するとした。今やエネルギー転換には、お金はいくらかかっても構わないというのが政府の基本方針のようだ。ただ、財源のめどは立っておらず、代替産業が何になるのかもわからない。しかし、石炭委員会のメンバーも政治家も、山積みの問題はあっさりと無視し、〝遅くとも〟2038年の脱石炭が決まった。

それに異議を唱えたのが緑の党で、彼らは、脱石炭の期日をもっと早めるべきだと主張した。そして、その緑の党と心を一《いつ》にしているのが、ドイツ全土に97もあるという自然・環境NGOだ。登録されている1100万人の会員が、今やドイツの世論形成を牛耳る一大勢力となっている。

NGOを味方につけ、脱炭素の大波に乗った緑の党は、2021年9月の総選挙後、与党入りも夢ではないと言われ始めた。

環境NGOの資金源は国、州政府、EU

政治とNGOのタッグはすでに堅固だ。NGOは政府の専門委員会に加わり、政治家の外遊にもしばしば同行、国際会議ではオブザーバーとして常連席を持っている。2019年、シュルツェ環境相はマドリッドでの国連環境サミットに出席中、「NGOの人たちとの会話は私にとって非常に重要だ。我々は同じ問題のために戦っている」とツイートした。選挙で選ばれたわけでもない人間が税金で行動し、国政や法案の策定にまで口を挟むことについての合法性はかなり希薄だが、今のドイツではすでにそれが当たり前。しかも、そのNGOの財政を強力に支えているのが、国、州政府、そしてEUなのだ。

ベルリンに本部を持つBUNDは会員58万人で、同組織が2014年から19年の6年間に公金から受けた補助の総額は、2100万ユーロ（約27・3億円）に上る。

一方、ドイツ最大のNGOであるNABU（会員62万人）は、同じ期間にやはり8つの公的機関から5250万ユーロ（約68・3億円）の補助を受けた。NABUは動植物の保護を活動の主体とし、近年は風車に巻き込まれて死ぬ野鳥の被害を訴えている。NABUの受けた補助金の内訳は、最高額3600万ユーロ（約46・8億円）が環境省からで、その他、経済協力開発省、労働社会省、教育研究省、外務省からも出た。また、それに続く2020年から2023年までの4年分の補助金としては、すでに4700万ユーロ（約61・1億円）という破格の予算が組まれている。

ただ、同論文の著者らによれば、NGOの決算報告には、「申告と実態との間に明らかな欠落部分がある」。2016年、欧州議会の予算委員会が、EUが援助しているNGO

の財務監査を専門家グループに依頼したが、NGOは複雑に絡み合い、さらに、資金は環境や自然保護だけでなく、教会の慈善事業や中国との共同プロジェクトなど広範に拡散されており、結局、どのNGOが、どこで、どの活動に従事し、互いにどういう関係にあるかが掴めず、調査は徒労に終わったという。この事実をどう解釈すべきかが私にはわからない。専門家グループが無能だったのか、NGOがプロフェッショナルだったのか、あるいは、実態を隠したい勢力が存在したのか？

NGOによる疑問符のつく資金調達方法は他にもある。ドイツには現在、国民の代表として企業や自治体を訴える権限を持つNGOが78組織あるが、NABUとBUNDはその権限も存分に利用する。ディ・ヴェルト紙曰く、やり方は「実にクリエイティブ」。

指定金額を寄付すれば訴訟は取り下げる

魅力的な資金調達法の一つが、風車による野鳥の被害を理由にウィンドパークの事業者を相手取って訴訟を起こすことだ。ただし、被告が原告の指定する機関に指定した金額を寄付すれば訴訟は取り下げるというから、どことなく免罪符を思い出す。いずれにせよ、これは「儲かる仕事」（ディ・ヴェルト紙）で、NABUの得意技となりつつあるという。NABUの自然保護基金に50万ユーロ（約6500万円）を寄付したヘッセン州のウィンドパーク経営者は、「抵抗することなど、どの企業にも絶対不可能」とコメントしている。ただ、寄付した後には、鳥に優しいウィンドパークというお墨付きが与えられるそうだ。

このやり方は、しかし、NABUの内部でも問題になっており、鳥の保護と風力発電の拡大は両立できないとする会員が、風車の建設規制を訴えるNGOに移り始めているという。幹部の一人は、「我々は、今も起こっている恐ろしい野鳥の死を、過去の話だと説明している」として、NABUのプレジデントに抗議文を送りつけたという。

環境相のシュルツェ氏もNABUのメンバーだ。日頃NGOを称賛しつつ、しかし、脱炭素達成のためには、風車は立てられる場所には隈《くま》なく立てるべきだと主張しているくらいだから、当然、風力発電事業者との距離も近い。結局、どちらからも重宝されているのがシュルツェ氏の正体かもしれない。これではNGO幹部に対する不信がますます募る。

不思議なことはBUNDでも起こっている。風力発電事業者の連合組織であるドイツ風力エネルギー協会（BWE）の規約には、将来、同協会が解散することになれば、すべての資産をBUNDに譲渡するという条項が入っているそうだ。ただし、その代わりに、BUNDは風力発電を支援する。こちらも野鳥のことなどすっかりどこかに飛んでしまっているようだ。

2016年、BUND創立者の一人であるエノッホ・ツー・グッテンベルク氏はこれを見て、BUNDと風力ロビーの結託であると非難した。BUNDは最初、根も葉もない中傷としてツー・グッテンベルク氏を告訴したが、まもなく訴訟を取り下げる羽目になる。なぜなら、BUNDの会員（主に幹部）68人が、風力関連産業から何らかの利益を得ていることがわかったからだ。それでもBUNDは今なお、ドイツを代表するNGOの一つとして君臨している。

グリーンピースは、ドイツだけでも59万人の会員を持つ世界的ネットワークだが、その活動には、グレーゾーンの領域を飛び越えてしまっているものも少なくない。そのため2016年、ドイツの連邦環境局は、グリーンピースから国民の代表として訴訟を起こす権利を剥奪した。それでも、彼らはなぜか、前述の石炭委員会で、将来のドイツのエネルギー政策の策定に加わっていた。

環境NGOのトップは元高級官僚

政治とNGOの連携プレーは、お金だけでなく、人の流れにも現れている。天下り、あるいはその反対にロビイストの政界への滑り込みなどは、本来なら非難されて然るべき行為だが、環境NGOに限っては、それが堂々と、しかも頻繁に起こっているという。

例えば、NABUの幹部として州代表などを務めた後、州政府や連邦環境省に転職している人は複数いる。また、環境省の現・政務次官で、ドイツの気候政策策定の中心人物の一人は、2003年まではNABUのプレジデントだった。彼の報道官もNABUの出身だという。反対に現在のNABUの経営責任者は、2020年までは農業省の官僚だった。世間では普通、こういう状態を「癒着」と呼ぶのではないか。

そればかりではない。ディ・ヴェルト紙曰く、「産業界もこと気候にかけては政治家や官僚とのニアミスを恐れない」。ドイツ風力エネルギー協会（BWE）の事業報告書には、経済エネルギー省幹部との「内密の意見交換」や、「環境省幹部との緊密な関係」などという文言が堂々と記されているという。これが石炭ロビーなら、メディアがかぎつけた途端にスキャンダルものだろう。

そうするうちに、石炭業界のロビー活動はどんどん隅に追いやられ、今では、業界の利益を代表する組合は、ドイツ褐炭産業組合（ＤｅｖｒｉＶ）と石炭輸入組合（ＶＤＫｉ）だけになってしまった（後者が石炭委員会で傍聴すら許されなかった組織）。また、以前はすべてのエネルギー産業を代表していたエネルギー・水経済組合（ＢＤＥＷ）だが、２０１９年に緑の党の政治家が最高責任者となって以来、石炭業界は置き去りにされている。

ドイツ褐炭産業組合のロビイストは、現在たったの３人（うち１人は弁護士）で、使える予算が年間数十万ユーロだという。石炭輸入組合はさらに寂しく、ベルリンのシェアサービスの事務所には、所長の他、パートが２人いるだけだそうだ。それに比べて、ＢＷＥは弁護士や専門家など１００人ものスタッフを抱えているというから、月とスッポンだ。

そういえば、数年前までは一人悪者になって、性急に過ぎるエネルギー転換を牽制しようとしていた経済エネルギー相のペーター・アルトマイアー氏が、いつの間にか風力エネルギーの強力な応援団になっていたことには、私も疑問を感じていた。かつての経済エネルギー省は石炭産業寄りだと散々叩かれたものだが、今、同省のホームページでは、風力発電への批判を「ファクト」によって論破することが試みられているという。

地球温暖化を煽った米国の巨大財団

ディ・ヴェルト紙の論考の中で、何といっても興味深かったのは、この壮大なエネルギー転換政策が、いったいどのように始まったかという点だ。それによれば発端は米国。

2007年、「勝利のためのデザイン – 地球温暖化との戦いにおける慈善事業の役割」(Design To Win – Philantropy's Role in the Fight Against Global Warming) という研究レポートが完成した。依頼したのはヒューレット財団（ヒューレット・パッカード社の創立者の一人ヒューレットが1966年に作った慈善財団）。財団のお金をいかに活用すれば、一番効果的に温暖化防止政策を構築し、遂行できるかということが研究目的だった。

レポートには、年間6億ドルを投資すれば、2030年までに全世界で110億トンの CO_2 を削減でき、地球の温度の上昇を2度以下に抑えられるということが明記された。さらに、温暖化対策をいかにして政治案件とし、国民の間に社会問題として定着させることができるか、あるいは、米国、EU、中国、インドなど、地域に特化した対策の形はどうあるべきかなどが提示された。いずれにせよ、ここで遠大な脱炭素計画にスイッチが入り、このレポートが世界のマスタープランとなったのだ。

翌2008年、ヨーロッパでこれらのプランを実行に移すため、オランダのデン・ハーグに欧州気候基金が設立された。出資者は、米国のヒューレット・パッカード両財団、ブルームバーグ、ロックフェラー、イケア財団、ドイツのメルカトル財団など。支部はまもなくベルリン、ブリュッセル、ロンドン、パリ、ワルシャワへと拡大し、頂点にはそれぞれ、ヨーロッパの選り抜きのトップマネージャーや元政治家が、莫大な報酬で引き抜かれて就任した。現在、ヨーロッパで脱炭素やエネルギー転換を謳うNGOのほとんどは、この欧州気候基金か、もう一つの巨大財団であるメルカトル財団のどちらかから、あるいは、その両方から援助を受けている。

ただ、ヨーロッパでの気候政策に本当の弾みがついたのは、福島第一原発の事故の後だという。ようやく機は熟した。脱炭素の青写真を世界中に広めるのは今だ。政界、産業界、財界への浸透、新しいテクノロジーとアイデアの実践。成功は、強力な資金を持つ自分たちの手の内にあると、彼ら「Change Agents」(変革の推進者)は確信したのだろう。

以来、時は流れ、変革はその設計図どおりに進んでいる。2019年一年で、欧州気候基金とメルカトル財団が、脱炭素につながる活動をしているNGOやシンクタンクに拠出した補助金は4220万ユーロ(約54・9億円)。ちなみに、メルカトル財団の資本金は、

２０１９年の決算報告によれば１億１６５０万ユーロ（約１５１億５０００万円）。こうなると皆が、脱炭素の旗を掲げて群がってくる。

メディアとシンクタンクも環境マネーに屈服

しかも今では、メルカトル財団と欧州気候基金の両側には、メディアとシンクタンクという力強い護送船団までが付いている。２０１８年、環境省の下部組織である環境局は、「メディアが惑星の未来に対して重要な役割を負うようになる」と書いた。主艦が自由に作戦を展開できるよう、十分なスペースを確保する役割をメディアが果たしているらしい。

２０２０年には、「Covering Climate Now」とか、「気候危機を真剣に考える」といった運動に著名なメディアが参画し、温暖化をもっとも危急なテーマとして、できるだけ頻繁に報道する方針が打ち立てられた。たしかにドイツの公共テレビを見ていると、最近、ほとんど毎日温暖化問題が登場する。しかも「温暖化」という言葉の前に、「人間が原因となっている」という枕詞まで付くようになった。

かつては政府批判に熱心だった大手週刊誌『シュピーゲル』も、エネルギーに関しては、今ではすっかり政府とNGOのメガホンだ。2018年からは『グリーンピース・マガジン』の編集長だった記者が、シュピーゲル誌の科学部門で気候関係の報道を担当しているという。今年2月の同誌には、産業界に支援された人たちが環境保護者を装って風力発電に反対するネットワークを作っているという暴露記事が載ったが、これはグリーンピースからの情報をそのまま流したものだったとか。そういえば、同誌のエネルギー政策を扱った記事も、一見、公平そうで内実は違う。エネルギー政策がうまく進まないのは、「無責任で、産業寄りで、環境のことを考えない政治家」と「非効率的な省庁」のせいであり、エネルギー政策を実現可能と絶賛している学者や環境保護者ではない。しかも、ドイツのエネルギー政策自体の根本的な構造的欠陥については、何も書かれていない。シュルツェ環境相は、「ドイツほど、粘り強い気候ジャーナリストのいる国は他にはない」と、大満足の体だ。

シンクタンクの役割は、いうまでもなく、温暖化とそれによる地球の危機論などに、科学や法的な証明を付帯することだ。ちなみに、有名なシンクタンクである「アゴラ・エネルギー転換」も、「メルカトル・リサーチ研究所」も、エネルギー部門では強大な影響力を誇るDIW（ドイツ経済研究所）も、皆、前述の二つの基金や財団、そして政府から支援を受けている。やはりつとに有名なポツダム気候影響研究所は、2020年から23年までの4年間で、政府からの支援額が2500万ユーロ（約32・5億円）に達した。NGOに対する公金の補助は、今や野放し状態に見える。また、シンクタンクと政府、およびNGOの人的交流も盛んで、70人のメンバーを擁する「アゴラ・エネルギー転換」の局長は環境省の高級官僚だった。初代の局長は退任後、経済エネルギー省に移った。

一方、この輪の中に入らず、中立な立場を維持したい研究所は、当然のことながら苦戦を強いられている。例えば、RWIライプニッツ研究所は、エネルギー転換政策は、貧困層から富裕層への資本移転になると警告した。また、連邦議会の専門委員会の調査でも、マックスプランク研究所の下で6つの独立した研究所が行った研究でも、再エネ法の矛盾が指摘され、その改正、あるいは廃止が進言されたが、政府はそれらを悉《ことごと》く無視した。ゲッティンゲン大学のメディア研究者は、温暖化に関するほとんどの報道は、科学的に曖昧な部分が明確に示されていないと指摘している。問題は、政府の方針と異なる結果を出す研究には発注がこなくなることだ。こうして異端の意見は淘汰されていく。

送電ネットワークの運営者は、今でも口を揃えて、脱原発と脱石炭を同時に行うと電力供給が保障されないと警告しているが、それについての議論は行われず、シュルツェ環境相は小型の新世代型の原発など「御伽噺」だと切り捨て、国民は、いつ商業ベースに乗るのか見当もつかない水素が、もうすぐドイツの主要エネルギーになると信じている。付け加えれば、環境相は、発生したCO_2を地下や海底に押し込むＣＣＳ技術も毛嫌いしており、水素は、純粋に再エネの電気で作ったグリーン水素以外は蹴っ飛ばすつもりだ。ドイツのエネルギー政策ではイデオロギーが一人歩きしている。

２０２１年7月末、ドイツでは大洪水の被害が出たが、政府はこれまで治水や河川増強を怠ってきたことは棚に上げ、温暖化対策をさらに加速させるべきだと主張し始めた。それに比して、以前から一切ぶれずに、「政府の温暖化対策で気候を変えられるわけではない。そのためのお金は、他の環境と自然保護に使うべきだ」と主張してきたのがＡｆＤ（ドイツのための選択肢）だ。私にはＡｆＤの言っていることが正論のように思えるが、ドイツ政府はＡｆＤを極右として潰そうとしており、彼らの主張はフェイクニュース扱いを受けているというのが、現在のドイツの状況だ。日本人にはドイツで進行しているこれらのことを、是非とも他山の石としてもらいたい。

小泉純一郎元首相も騙された！魑魅魍魎が跋扈「グリーンバブル」の内幕

伊藤博敏（ジャーナリスト）

ＥＳＧ投資が活況を呈している。ＥＳＧとは、環境（Environment）、社会（Social）、企業統治（Governance）の３つの言葉の頭文字を組み合わせた造語で、いまやＥＳＧに配慮しない企業は投資対象にならないとして、マーケットが厳しい判断を下す傾向にある。世界持続的投資連合は、２０２０年に世界のＥＳＧ投資額が35兆３０００億ドル（約３９００兆円）だったと発表した。近年、２桁台の急成長で、全運用資産に占める比率は35・９％に達している。

ＥＳＧは、持続可能な望ましい社会を目指すための手段であり、その目的はＳＤＧｓ

（持続可能な開発目標）である。国連は、２０１５年9月に17の目標達成を目指すＳＤＧｓを採択した。

ＳＤＧｓとは、貧困をなくす、飢餓をゼロに、すべての人に健康と福祉を、質の高い教育をみんなに、ジェンダー（性差）平等、安全な水と食料を世界に、エネルギーをみんなにそしてクリーンに、といった普遍的な価値観に基づくもの。異論などあろうはずはなく、ＥＳＧとともに定着した。

だが一方で、「ＥＳＧ投資などきれい事」（ファンド運営者）という厳しい意見もある。

「脱炭素や多様性、企業統治のあり方で銘柄を選定するＥＳＧ投資は間違っています。我々の仕事は、自分の経験と能力で運用成績を上げ、投資家に還元すること。儲けてナンボ。それ以上でも以下でもない。その会社に社会的貢献性があるとか、サステナブルに資するとか関係ない。業績が悪ければ売って儲けるだけです。脱炭素なら炭素税をかければいいいし、女性活用なら取締役の数を法律で定めればいい。ガバナンスなんて、ワンマンでもいい会社はあるし、社外取締役の数を投資基準にしてどうするんだと思います。ＥＳＧ投資で救われるのは、見せかけのＳＤＧｓ企業と腕の悪いファンドマネージャーだけですよ」（同前）

実際、すでにＥＳＧ投資に疑問を呈する動きが始まっている。

ＥＳＧ投資を謳い文句にする投資信託が急増、純資産額は2021年6月末までの1年間でそれまでの約5倍、約2兆3000億円に膨らんだが、いずれもＥＳＧの根拠はあいまいで、運用成績もさほどよくはない。そのくせ手数料は高く、販売時が3％前後、保有時の信託報酬は2％前後にもなる。金融庁は、「銘柄選定、選定基準が示されていないような投信が少なくない」として監督を強化した。「名ばかりＥＳＧ」の横行である。

また、実体が伴わないのに環境対策を装って資金を集める行為は、「グリーンウオッシュ」と呼ばれるが、この偽装グリーンが世界で問題になっている。ＥＳＧ投資の旗を振る資産運用会社のブラックロックで、サステナブル投資部門の責任者だったタリク・ファンシーは、「ウォール街は経済システムをグリーンウオッシュしている」とぶち上げて物議を醸した。ＥＳＧは、「米金融界発の新しい投資の流れにすぎない」というわけだ。

たしかに、ＥＳＧ投信の多くはハイテク大手を銘柄として選定しており、アップル、マイクロソフト、アマゾン、アルファベット（グーグルの持ち株会社）、フェイスブックなどはその定番。ＥＳＧ投資がＧＡＦＡ＋Ｍの時価総額を膨張させる原因となっている。また、太陽光というだけで株価に異常な高値がつく傾向もあり、太陽光発電大手のサンパワーは、2020年3月の4ドルが、2021年1月には約14倍の54ドルに急騰した。

ハイテクや再生エネルギー、電気自動車などの企業はサステナブルで、石油、石炭、ガソリン車に関係する企業に永続性はなく、ESGスコアは低いという単純な仕分け。これが投資基準となるようでは資本主義の将来は暗い。投資の世界で尊敬を集めるウォーレン・バフェットの「脱炭素には莫大なカネがかかり、それは政府の仕事。企業は株主利益を追求する存在」という指摘に得心がいく。

SDGsを隠れ蓑にしたテクノシステムの融資詐欺事件

ESG投資を手段にSDGsに向かうという誰にも反論できない「きれい事」のウラで、怪しい人脈が蠢《うごめ》く2つの事件が進行していた。

一つは、東京地検特捜部が2021年5月に摘発した、再生エネルギー会社「テクノシステム」の詐欺事件。もう一つは、ガバナンスの不備を大株主のアクティビスト（物言う株主）に指摘され、「経産省（国家）頼み」が露呈、不安定な経営が続く東芝事件だ。

テクノシステムは、売上高約160億円で上場を目指していた横浜を拠点とする中堅企業。東京地検特捜部は、代表の生田尚之（47）ら3人を融資詐欺と特別背任罪の容疑で逮捕起訴。さらに、公明党代議士秘書が日本政策金融公庫からテクノシステムへの融資に介在したとして、8月4日、議員会館を家宅捜索。政界ルートを見据えている。

事件そのものは、ネット上で高配当を約束して事業資金を集めるソーシャルレンディング（SL）を利用、急成長を遂げたものの、配当を維持できずに自転車操業に陥り、犯罪に手を染めたという、〝ありがち〟なオーナー社長の犯罪。その過程で政官界に人脈を築いて事業に役立てようとしたものの、工作が暴かれてさらに罪を重ねる結果となりそうだ。

特筆すべきは、生田が早くからSDGsに着目、「水・食・電気（再生エネルギー）」で社会に貢献することを会社の理念にしていたことだ。2019年3月には、『SDGsが地方を救う』（プレジデント社）という書籍を元環境省総括審議官と共著の形で出版している。

生田は、そもそもどうしてSDGsに行き着いたのか。

生田は電気計測系の会社を経営する両親のもとで生まれた。父は、水の研究をライフワークとしている技術者で、なかでも力を入れたのが海水を淡水に変える事業。中東で海水淡水化プラントを立ち上げたこともある。その過程で特殊ポンプの開発などを進めており、「水回り」に強かった。

生田は、大学理工学部を卒業後、父の会社を受け継ぐという形ではなく、10年間、大手電気会社で働き、２００９年、テクノシステムを設立する。ただ、父親の「水」の技術とノウハウは継承、２０１０年、トラック型の自走式造水給水車「ＹＡＭＡＴＯ」を開発する。

「水」の次が「食」。充填ポンプで特殊撹拌技術を確立、加熱、保温、煮込みなどがボタン一つで操作できる「デリシャスサーバー」を開発した。アミューズメント施設や福祉施設、社員食堂、学生食堂などで活用されている。「食」はさらにレストラン運営へと延び、銀座の高級フレンチで知られる「ドン・ピエール」を買収、事件化後の倒産過程で13店舗を所有していた。

しかし、「水」と「食」では限界がある。設立後、４～５年は売上高数億円で推移。急伸するのは２０１４年頃から再生エネルギー分野に取り組むようになってからだ。「水」と「食」を充実させるために太陽光発電を事業化していたが、固定価格買取制度が２０１２年にスタートして高収益が期待できるようになった。その際、再生エネルギーに特化したコンサルタントで、ＳＢＩグループのＳＢＩソーシャルレンディング（ＳＢＩＳ

L）と組む㈱玄海インベストメントアドバイザーに出会い、飛躍のきっかけを掴む。

「片手間だった『電気』が主力になりました。玄海がSBISLにつないでくれ、SBIの信用力でソーシャルレンディング（SL）を通じた資金調達が容易になった。設備IDを取得、各種認可を取り、土地も取得、SL資金で着工して仕上げ、売却して利益を確保するか、金利の安い金融機関融資に切り替えて出口とし、次の案件に臨むというビジネスモデルです。でも、その裏で高配当を投資家に約束するSLを通じて、いくらでも資金が集まるから、それを別の案件に流用するという自転車操業が進んでいました」（テクノシステム元幹部）

「水と食と電気＝SDGs」の完成である。SBISLで資金調達、その資金をテコに急成長を遂げた。2015年には売上高が100億円を突破、2016年に105億円、2017年に117億円となり、2018年と2019年は160億円だった。

広告塔として利用された小泉元首相ファミリー

テクノシステムは「SDGsの旗手」としてマスメディアに取り上げられることが多く

なり、同時に生田の上昇志向もあって、多くの人間が群がった。

テクノシステムが資金調達したSBIグループを率いるのは、菅義偉首相の金融アドバイザー的存在の北尾吉孝社長である。また、テクノシステムは事件化前の2021年2月、SBIが「子会社SBISLの貸付先に重大な懸案事項が生じている可能性がある」と発表、それによって経営危機が表面化したが、断末魔に陥ったとき、生田が頼った先のひとつが、菅を始め政界人脈が豊富な大樹総研の矢島義也だった。

矢島は菅に北尾を紹介した人物でもあるが、豊富な人脈を生かしてコンサルタント業を展開。とくに強みを発揮したのが再生エネルギー分野で、テクノシステムの前に同じようなSL利用で太陽光、バイオマスなどの発電事業を展開、同じように自転車操業に陥って経営破たんしたJCサービスのコンサルタントでもあった。

さらに、生田が最大限に利用した「信用」が、小泉純一郎元首相である。小泉元首相は、2020年、2度にわたって『日本経済新聞』で、生田との「対談広告」に登場。自然エネルギーへの思いを語る生田に対し、〈生田君の仕事は夢がある。私は、日本は世界最先端の自然エネルギー大国になれると信じている。自然を我々の生活に生かす。その実現に向けて、ぜひこれからも頑張ってほしい〉（2020年9月4日付）などと語り、励ましている。

記事広告なので当然の〝称賛〟だが、「3・11」の東日本大震災以降、脱原発で自然エネルギー派に大転換した小泉元首相を、SDGsを看板にする生田が広告塔に使うのは、広報戦略として理に適っている。そのうえ、元首相にとどまらず、俳優で長男の小泉孝太郎とはスポンサー契約を結んでおり、テクノシステムのホームページや会社案内には、孝太郎を登場させた。

その先に、次男の進次郎環境相との接点を求めていたのは間違いない。ただ、関係を築くには至っていなかったようだ。

「小泉ファミリーと親しいというので、進次郎環境相を紹介してもらおうと、生田氏に頼んだことがある。でも、結局、実現せず、『口ほどでもない』と思った」（仕事仲間）

道半ばだったのだろう。

SBIに躊躇なく切られたテクノシステムの末路

筆者は、テクノシステムの苦境が明らかになった2021年2月末、生田に会った。

「言い分」を聞くためだが、その際、生田は決算の粉飾や資金流用など、指摘されている不正を否定したうえで、SBIグループとの親密さを強調した。

「SBISLの窓口となっているコンサルタントの玄海にもSBISLにも、管理料や顧問料などの形で十分な支払いをしています。SBIエナジー、SBI証券との関係も良好。北尾さんにも会い、グループ全体とお付き合いしていました。ウチだけが悪者なんてとんでもない」

だが、二人三脚だったSBIは逃げた。生田を切れば、SBIグループにも害は及ぶのだが、北尾は躊躇しなかった。第三者委員会の調査で、SBISLの〝罪〟を認め、織田貴行・SBISL社長を解任のうえ、投資家には迷惑をかけないとして145億円の特別損失を計上、5月24日、SBISLを廃業処分とした。

一方、生田が矢島にかけた〝保険〟は実らなかった。テクノシステムの2020年3月末の決算書によれば、1億円が合同会社開発45号に支払われている。同社は大樹総研の支配下にある。

「JCサービスのコンサルだった大樹は、同社が香川県で開発していた太陽光プロジェクトを肩代わりして所有していた。その案件の出口戦略にされたのがテクノシステム。矢島に絡む会社をもう一社噛ませて、生田が購入することになり、手付け金を払った。どうしようもない塩漬け案件だけど、生田には矢島に恩を売っておけば、という計算もあった」（テクノシステムの取引業者）

しかし、矢島の逃げ足も速い。所有権は、2021年3月、何事もなかったように開発45号に戻され、矢島が生田のために奔走した形跡もなかった。

生田が、会社をSDGsに添わせようとして失敗、塀の中に落ちたのは、政界利用の思惑も含め、自業自得というしかない。だが、「不良」の「個人」だからそうなったわけではなく、大企業でコンプライアンス（法令遵守）の備えも豊富な組織も、SDGsに翻弄されているところがある。その典型が東芝だ。

「経産省依存」の東芝の凋落

東芝の場合は、SDGsというより、達成の手段であるESGに翻弄されたといっていい。その実態をお伝えする前に、東芝が抱えるどうしようもない体質と経営に人を得ていない問題は指摘しておかなければならない。

東芝の「経産省（国家）頼み」は、会社が原子力と防衛という日本の国策産業を担っており、半ば必然だったが、それが表面化して問題となったのはなぜか。

「東芝は、西田厚聰《あつとし》、佐々木則夫、田中久雄の歴代3社長が粉飾決算に手を染めていたことが発覚、証券取引等監視委員会が調査に乗り出し、事件化寸前でした。それはなんとか免れたものの、経営危機に陥り、上場維持が困難となった2017年11月、6000億円の第三者割当増資を実施します。それに応じたのが、シンガポール籍投資ファンドのエフィッシモ・キャピタル・マネージメント、米ヘッドファンドのファラロン・キャピタル・マネジメントといったアクティビストなどだった」（経済誌記者）

アクティビストは、当然のことながら物を言い、注文をつける。それに対し対決姿勢を取ったのが、東芝正常化のために経産省が送り込み、2018年4月、会長兼最高経営責任者（CEO）に就いた車谷暢昭《のぶあき》だった。

車谷は、アクティビストの〝雑音〟を排するために、奇策に出る。それが、自らが日本法人の会長を務めた古巣ファンドのCVCキャピタル・パートナーズを使って、東芝に買収提案させることだった。

面倒なアクティビストを追い出し、未上場にして自由に経営、将来的には、財界トップの経団連会長を目指す――。

「保身」と「名誉」の一石二鳥を狙ったものだったが、企みは社外取締役に見抜かれ、逆に退任を余儀なくされた。そうした混乱の過程で、エフィッシモは、一般株主の賛同を取り付け、2020年7月の株主総会が公正に行われたかどうかの調査を認めさせた。

東芝は、その結果を2021年6月10日、公表した。それが外部調査委員会の「経産省依存」を証明した報告書である。骨子は以下のとおり。

一、経産省が東芝のために、改正外為法の当局権限を使って株主提案に対処した。

二、当時の経産省参与が東芝の事実上の依頼に基づき、海外株主と交渉した結果、株主は議決権行使しなかった。

三、東芝が株主提案権や議決権行使を妨げようとしたと認められ、株主総会は公正に運営されたとはいえない。

調査報告書は120ページにも及ぶものだったが、東芝と経産省が一体となって海外株主に圧力をかけ、正常な株主総会を妨害したという実態に、株主や内外投資家はもとより国民も呆れた。経営の独立、自立、気概はどこにもなく、お上頼み。これでは、凋落も低迷も無理はない。

経産省が一体となり海外株主に圧力

同時に東芝が露呈したのは、ESG投資の〝ご都合主義〟である。

ESGの起点は、2006年、国連のアナン事務局長（当時）が、責任投資原則（PRI）を発表したときに求められる。ESG投資には6つの原則があるとし、PRIへの署名が実質的に機関投資家のESG投資宣言となった。日本では、日本最大の機関投資家である年金積立金管理運用独立行政法人（GPIF）が2015年、PRIに署名。それが、ESG投資元年となった。ところが、GPIFの前最高投資責任者（CIO）で「ESGの伝道師」と呼ばれた水野弘道が、役所の側に立って、株主に圧力をかけ、議決権行使を断念させていた。

「ESGのなかでもガバナンスは、企業としての骨格を意味し、独立性を保ち、内外からの厳しい監視に耐えられるものでなくてはなりません。そのために指名、監査、報酬などの委員会を設置、社外取締役を増員、客観性と信頼性の確保に努める。水野は、その方向性を確立した人。その当人が、国家権力で株主権行使を阻むなど考えられない。ダブルスタンダードもはなはだしい」（機関投資家）

では、水野の役割は何だったのか——。

エフィッシモが、2020年7月の株主総会で、独自の取締役候補を提案するなど揺さぶりをかけてきたことに対し、危機感を抱いた東芝は、総会の4カ月前頃から豊原正恭副社長や加茂正治常務が断続的に経産省幹部に報告を行い、相談を重ねていた。その流れのなかで、当時、経産省参与だった水野が、東芝の議決権約4%を持つ大株主である米ハーバード大学基金に接触、「株主権行使をした場合の一定のリスク」を説明。その結果、同大学基金は、議決権行使をしなかった。

東芝と経産省が一体となった「海外株主への圧力」は波紋を呼び、水野への取材が殺到、2021年6月21日、初めて水野はロイターのインタビューに応じた。要旨は次のとおり。

ハーバード大学基金とは、議決権行使をめぐって直面しうるリスクについて議論。リスクとは、外資を規制する改正外為法のもと、会社側と対立する内容の議決権行使をした場合、議決権の共同行使をめぐる改正外為法に基づく調査が行われる可能性があること。ただ、基金には、自分は十分な情報を提供しているにすぎず、日本政府の見解を代弁しているわけではなく、どちらに投票しようが自分は関心がない、と伝えた——。

水野は、GPIFを2020年3月に退任後、5月7日付で経産省参与に就いている。ただの参与なら、ここまで注目されることはなかっただろうが、水野は住友信託銀行勤務、英ファンドのコラー・キャピタルのパートナーという地味な経歴にもかかわらず、世耕弘成経産相との関係を深めてGPIF入りして以降、急速に金融界での存在感を増していった。前述のGPIFのPRI署名は、水野CIOのもとで行われており、世界最大級の公的年金がESG投資に踏み切ったことが、ESGブームを加速させたのは疑いない。

そのため、退任後に「経歴を買う」動きが内外で活発化。GPIF退任直後の2020年4月、米電気自動車大手のテスラ社外取締役に就いた。翌月、経産省参与となっており、他にも仏食品大手ダノンのミッション委員、ジャンクボンドの帝王といわれたマイケル・ミルケンが創設したシンクタンクの特別アドバイザーとなるなど、引く手あまただ。

ただ、批判も少なくない。水野は、テスラ社外取締役の就任においてストックオプションを付与されており、経産省参与の立場で菅義偉首相に「100%電気自動車化」をプレゼンしていれば、利益相反行為だろう。また、名声と地位がGPIFのESG投資によってもたらされたにもかかわらず、株主が持つ当然の権利である議決権に国家の立場から注文をつけ圧力をかけるのは、ESG投資に求められるガバナンスを、自ら否定しているに等しい。
ダブルスタンダードともご都合主義ともいえる。

SDGsやESGに潜む魔物

水野は「ESGの伝道師」という評価を裏切ったとして批判されているが、ESGのうち「G」が欠けていると散々、指摘されてきた東芝が、実は「ガバナンスの優等生」という評価だったという過去は、忘れられている。

米国に倣って、日本でも2003年、委員会設置会社という制度が導入された。目的は、経営陣、とくに社長が独断で報酬を定め、取締役を決定、監査をないがしろにすることを排除するため、報酬、指名、監査の3委員会を設置、そこで決定して透明度を高め、独善を排することだ。さらに、執行役と取締役を分離、執行役は取締役会の執行方針に沿って事業を進めるのが務めで、取締役は経営の監視に重点を置く。東芝は、2003年、その新しい統治システムをいち早く導入した。

だが、システムが整っても、使い道を誤れば同じである。粉飾が行われていた西田、佐々木、田中のトロイカ体制時代の東芝は、その象徴だろう。経団連会長を狙いながら果たせなかった西田が、経済財政諮問会議議員、経団連副会長と、順調に財界人としての道を歩む佐々木に嫉妬、副会長という「中二階」に棚上げして自分は会長に留任、使いやすさで田中を社長に据えた。そのギクシャクが東芝を蝕み、社内に不満が鬱積、証券取引等監視委員会への内部告発につながって、東芝の迷走が始まった。

独善のワンマンが、使い勝手のいい社外取締役を選任、委員会メンバーを息のかかった取締役で固めれば、監視システムは機能しない。そのうえに能力的問題もある。東芝の粉飾決算を調べた第三者委員会は、「財務に十分な知見を持つ者がいなかった」と指摘した。

グローバル社会での持続的成長のために、社外取締役や委員会の役割と責務が厳しくなった。それを定めたコーポレートガバナンスコードに準拠しなければ、2022年4月に導入される新市場区分で最上位のプライム市場に残れないなど、制度上もサステナブルが求められているが、「東芝の悲劇」は制度だけ導入しても問題が解決しないことを示している。

エフィッシモなどアクティビストの主張により、東芝は改革を余儀なくされた。人事上も制裁を受け、2021年6月の株主総会では、11名の取締役候補のうち永山治・取締役会議長と小林伸行・取締役の2人が反対多数で再任されなかった。1人は総会直後に辞任、結局、東芝は社内の綱川智・会長兼社長、畠澤守・副社長の2人と6人の社外取締役に経営が委ねられた。

迷走の末とはいえ、果たしてこれが正しい「G」の在り方なのか。

「社外の6人というのは、投資ファンド関係が2人、元高裁長官、会計事務所出身、流通と製造の元役員といった陣容。幅広く複雑な東芝の経営が理解できるとはとてもいえず、例えれば、リヤカーの荷台に6人が乗って、リヤカーを引く2人にあれこれ指示を出すというイメージ」（企業経営者）

では、経産省と一体となって工作した「東芝の闇」を表面化させ、「G」を正そうとしたエフィッシモは正しかったのか。

エフィッシモは、アクティビストのなかでもとくに秘密主義で知られる。ホームページは持たず、日本企業を相手に、日本の株式市場に1兆円といわれる運用資金を投じ、東芝の件に見られるように存在感を増しているのに、日本に事務所はなく、連絡先もない。大量報告書などの開示情報で得られるのは、2006年6月に設立された投資ファンドで住所はシンガポール。村上世彰が率いる旧村上ファンド出身者が立ち上げただけに、「村上ファンドの別動隊」という見方をされるが、高坂卓志代表らは否定。ただし、インタビューなどに応じることはなく、代理人弁護士やPR会社を通じて伝えるだけだ。

こうした得体の知れないファンドが、株主だからとESGに注文をつけ、修正を迫る。株主として当然の権利だし、他の株主の賛同を必要とするのだから、経営関与のハードルは高いとはいえ、東芝のような国策企業で国民生活への影響も大きい企業に株主提案する企業が、そうした秘密主義でいいのか。さらに議決権行使の際、アドバイスする議決権行使助言会社といった存在にも、力量も含めて「どこまで事業のことがわかっているのか」という疑問符がつく。

SDGsが唱える目標や、ESG投資を通じた社会の変革に異議はない。だが、正しさの裏には必ず落とし穴があり、制度を悪用する魔物が潜み、それが道を誤らせる。

テクノシステムはSDGsに踊り、踊らされたあげく罪を問われた。東芝はESGの優等生を目指しながら果たせず、逆に「G」の持ついい加減さを露呈した。両社は、SDGsやESGの裏面の実例として記憶されるべきだろう。

■

企業「環境・CSR担当」が告白 SDGsとESG投資の空疎な実態

藤枝一也（素材メーカー環境・CSR担当）

筆者は製造業で日々、環境・CSR（企業の社会的責任）業務に従事する一従業員である。2021年7月現在、産業界は〝カーボン・ニュートラル／脱炭素祭り〟状態であり、SDGs・ESG一色である（SDGsはカラフルな17色だが）。

この状況において、国の政策や社会の流れに反する内容を本名で寄稿することに、個人的なメリットは何もない。むしろマイナス面のほうが多いだろう。それでも宝島社からの依頼をお引き受けしたのは、今の産業界の流れを変えることにわずかながらでも貢献したいと考えてのことである。

本稿では、複数の企業で環境・CSR業務に従事してきた筆者の経験をもとに、企業内部からの目線でSDGsやESG投資等について論じる。言うまでもなく、これから述べる内容は筆者が所属する組織とは一切関係がなく、個人の見解であることをお断わりしておく。

胸に輝く17色のバッジ

SDGsを広めたいコンサルタント等の専門家は「SDGsはビジネスチャンスです」「国や政府だけでなく、市民、企業などあらゆるセクターが取り組まなければなりません」「大企業だけでなく中小企業にも欠かせません」と繰り返す。しかしながら、ビジネスチャンスとは本来、気がついた人が誰にも言わず秘かに取り組むことで利益を得るものである。したがって、国連が作成し全世界に公開されている17分類169項目の文書がビジネスチャンスになるはずがない。仮にビジネスチャンスであれば、全企業に普及させるのではなく、早く知った企業が独占したいはずだ。「SDGsはビジネスチャンス」と言うコンサルタントや専門家は、ビジネスの鉄則を知らないと公言しているようなものだ。

ビジネスチャンスではないので、日本企業の優秀なビジネスマンたちが「何から手をつければよいのかわからない」と悩むのも当然だ。そこへ「どの目標に貢献しているかを整理しましょう」「御社はすでに3つもＳＤＧｓに貢献していることがわかりましたね！　素晴らしい！」とコンサルタントが指導するので、企業側は胸に17色のバッジをつけるだけでＳＤＧｓに貢献しているような気分に浸れるのだ。

ＳＤＧｓの「我々の世界を変革する：持続可能な開発のための２０３０アジェンダ」前文には以下の文章がある。

〈すべての国及びすべてのステークホルダーは、協同的なパートナーシップの下、この計画を実行する。我々は、人類を貧困の恐怖及び欠乏の専制から解き放ち、地球を癒やし安全にすることを決意している。我々は、世界を持続的かつ強靱（レジリエント）な道筋に移行させるために**緊急に必要な、大胆かつ変革的な手段をとる**ことに決意している。我々はこの共同の旅路に乗り出すにあたり、誰一人取り残さないことを誓う。〉（外務省ウェブサイトより抜粋。太字は筆者）

「誰一人取り残さない」というフレーズがクローズアップされがちだが、むしろ重要なのは「緊急に必要な、大胆かつ変革的な手段をとる」だろう。現在の人類の活動は持続可能ではないので、行動を変革することこそ重要——ここがSDGsの本質なのだ。しかしながら、現実には何ら行動変革を伴わず、「我が社はSDGsに貢献しています」と喧伝する事例が再生産されている。

SDGsウォッシュを見極める方法

行動が変わっていないのにウェブサイトで自社の活動と17色のSDGsマークを関連付けて表示したり（以下、「SDGsタグ付け」と呼ぶ）、役員や従業員が胸にSDGsのバッジをつけている企業は「SDGsウォッシュ」と言われても反論ができないはずだ。

SDGsウォッシュとは、SDGsに貢献しているように装っているが実態が伴っていない組織や活動について指摘されるものだ。元来は、企業の環境活動に対して指摘する「グリーンウォッシュ」として広く使われてきた用語である。ただし、このSDGsウォッシュには統一された定義がない。そこで、SDGsウォッシュに関して以下の定義を提案したい。

SDGsに取り組んでいると自称している企業や、胸にSDGsバッジをつけている人は以下の２つの質問に答えてみてほしい。

①その活動は２０１５年９月以降に開始したものですか。

②２０１５年９月以降に始めた場合、その活動はＳＤＧｓがあったから生まれたものですか。

この両方を満たさなければ、ＳＤＧｓウォッシュと言われる可能性があるだろう。仮に２０１５年８月以前から行っていた活動であれば、何も行動が変わっていない。ＳＤＧｓがなくても生まれた活動であればＳＤＧｓによる付加価値は何もないはずである。この①②を満たさない活動は、後付けで上塗りした「ＳＤＧｓタグ付け」なのだ。*

自社の活動がこの①②の両方を満たすのであれば、胸を張ってどんどん進めればよい。

---

*もちろん行動変革の中身も重要だ。企業が個社でカーボン・ニュートラルを達成しても気候変動対策としては何の意味もないし、レジ袋有料化やプラスチックストローの紙ストロー化のように目的と手段が一致せず効果のない対策などもあり、変われば何でもよいのではない。本稿では変化が起きていないのに変化しているように見せかけることをＳＤＧｓウォッシュと定義しており、どう変わるべきかについてはここでは深入りしない。

一方で、もしも①②の条件を満たさないならば、自社のウェブサイトからSDGsマークを外し、役員や従業員からSDGsバッジを回収したほうがよい。実効性が伴わない環境広報やイメージ戦略はグリーンウォッシュに当たるのだが、不思議なことに近年、SDGsに関してだけはこのコンプライアンス意識が企業から消え去ってしまっている。国やコンサルタントが推進しているからよいのではなく、地球環境問題や社会課題に対する各社の倫理感が問われているのだ。

自己矛盾に気づかないSDGsコンサルタント

SDGsが2015年9月の国連持続可能なサミットで採択されてから6年が経った。現在でも「今の活動をSDGsの項目に紐付ければOKです」と言い続ける企業コンサルタントで溢れている。コンサルタントであれば当然、SDGsの前文を読んでいるはずだが、とてもそうとは思えない人間が多い。筆者がコンサルタントの立場であれば、従来の活動を棚卸ししてタグ付けした後に、「現在白地の分野で新たな活動や新規ビジネスを始めましょう。うまくいけばウェブサイトでSDGsマークをつけましょう」と伝える。これならSDGsによる付加価値が発生し、クライアントの行動変革にもつながるはずだ。だがそんなコンサルタントに出会うことはまずない。

本当にSDGsが規模や業態を問わずあらゆる企業に関連し、SDGsをまったく知らない企業が一から勉強して世の中に普及させることでビジネスチャンスが広がるのであれば、コンサルタントはクライアントにSDGsの目標へ取り組んでもらったうえで、新規に得られた利益の1%を受け取るなどの成果報酬型にしてはどうだろうか。SDGsを解説したり、タグ付けしただけで報酬を受け取るなんて、筆者ならできない。

SDGsコンサルタントの宿命は、貧困や人権といった社会課題、気候変動や資源枯渇といった地球環境問題が解決に向かえば向かうほど、ビジネスが減ってしまうことだ。つまり、コンサルタントにとっては課題は課題のままで残り続けたほうが都合がよいのである。SDGsコンサルタントはこの自己矛盾に気がついているのだろうか。

コンサルタントにとってSDGsは、社会課題や地球環境問題を解決するための道標でも企業のビジネスチャンスでもなく、コンサルタント自身のビジネスを持続させるためのツールになっているのが現状だ。

ＥＳＧ投資の実態

ＳＤＧｓと並んで近年急速に普及しているとされる「ＥＳＧ投資」の実態についても触れておこう。ＥＳＧとは、環境（Environment）、社会（Social）、ガバナンス（Governance）の頭文字を取った造語である。企業の長期的な成長のためには、この3つの観点から事業機会や事業リスクを把握する必要があるという考え方だ。現在、ＳＤＧｓとともに世界的に広まりつつある新たな投資指標といわれている。

財務情報であれば、売上高や利益、ＲＯＥ、ＲＯＳ、ＰＥＲなど各種の指標を使って業種も規模も異なる企業を同じ土俵で並べて投資対象として比較することが可能だ。では企業のＥＳＧ対応についても公平に評価することができるのだろうか。たとえば、同じ業種の2社（Ａ社とＢ社）があり、財務状況や技術力では甲乙つけ難く、気候変動対策（事業活動における年間CO_2排出量）の評価で、どちらかをＥＳＧ投資銘柄として選定する場合を考えてみよう。

「表1」は年間のCO_2排出量を比較したものである。この指標では、Ａ社のＥＳＧスコアが高くなるだろう。では一つ条件を増やしてみる。

表1　年間のCO_2排出量

	CO_2排出量
A社	10万トン／年
B社	100万トン／年

表2　従業員一人当たりのCO_2排出量

	CO_2排出量	従業員数	一人当たり換算
A社	10万トン／年	1万人	10トン／人
B社	100万トン／年	20万人	5トン／人

表3　過去3年度の年間CO_2排出量と売上高の推移

A社

年度	CO_2排出量	売上高
2018	8万トン	10億円
2019	9万トン	9億円
2020	10万トン	8億円

B社

年度	CO_2排出量	売上高
2018	120万トン	80億円
2019	110万トン	90億円
2020	100万トン	100億円

「表2」は従業員一人当たりのCO_2排出量の比較だ。年間のCO_2排出量ではA社のほうが少なかったが、従業員一人当たりのCO_2排出量ではA社が10トン／人、B社が5トン／人となる。この2つの指標から、どちらを選択すべきだろうか。

さらに別の条件を加えてみよう。

「表3」は過去3年間の年間CO_2排出量と売上高の推移を表したものだ。A社はCO_2の絶対量は少ないが増加傾向であり、反面売上高は下がり環境効率が悪化している。一方、B社はCO_2の絶対量は多いが減少傾向にあり、かつビジネスが堅調で環境効率が向上している。

筆者が機関投資家の立場であれば、表2、表3の指標ではどちらも銘柄として選ぶことはできない。この指標だけでは、どちらがより環境に配慮した企業であるかを判断することができないからだ。

ここでは同じ業種としたが現実の企業分析では別の業種（製造業と小売業、サービス業など）の場合や、同じエネルギー使用量でも立地地域や国によって電力のCO_2排出係数が異なる場合など、ますます複雑な条件が重なるのだ。

実は前記は、まだＥＳＧ投資の黎明期だった２０１５年3月に、環境省が主催した自然資本会計に関する有識者会議で筆者が質問した内容である。この時、日本を代表する機関投資家、大学教授、ＣＳＲコンサルタント（当時はＳＤＧｓ発行前）は、どなたもお答えにならなかった。唯一あった発言は、「成長性でユニバースを選んでいるのでどちらも銘柄になりうる。四半期や半年などの期間で定期的に銘柄を見直すので」というものだった。

「ユニバース」とは、ある基準に従って選定された銘柄組み入れ候補となる企業群のことである。イメージとしては、まずユニバースとなる企業群（１００社ほど）を選定し、そこから実際に投資する銘柄（30社ほど）を絞り込んで環境経営重視、女性活躍重視などの投資商品が構築される。上記の発言は、Ａ社とＢ社はどちらもユニバースに選ばれているので銘柄になりうる、という意味だ。

SとGの企業間比較などできない

　ここで挙げた例はESG評価のE（環境）でよく見られる「CO_2排出量」の例である。Eでは他にも「産業廃棄物、化学物質の排出量」「水の使用量」「太陽光発電の導入割合」などが考慮される。Eには定性項目もある。「担当部署の設置」「ISO14001の取得」等ほとんどの企業が満点となり差がつかない項目もあれば、「環境ラベリング」「土壌・地下水の汚染」「環境ビジネス」等、そもそも業種や企業によっては該当しない項目も多い。いずれも、多種多様な企業の環境パフォーマンスを比較できるとは到底考えられない。

　E、S、Gのなかでは最も定量的な比較・分析が可能であろうEですらこの状況である。S（社会性）、G（企業統治）にいたっては定性的な質問ばかりが並ぶ。「人権、多様性、汚職・収賄等に関する方針の有無」「女性の管理職人数、取締役人数」「社会貢献活動の支出額、参加人数」「ボランティア休暇、青年海外協力隊への参加人数」等である。こんな項目でどうやって業種や規模の異なる企業を比較するのだろう。

　実際のところ、あるESG調査主体は「評価は全社・全業種統一基準で行った（会社規模、上場・未上場も同様）。一般に、従業員の男女構成、環境対策状況などは業種的特性が強いが、これらは一切加味していない」との方針を開示している。おそらく多くの金融機関でも精緻な分析まではできていないのだろう。こんな曖昧な基準で資金調達に差がつくとしたら、評価される企業側はたまったものではない。

しかし、これがESG評価の実態なのである。従来の投資商品とESG投資商品に本質的な違いはない。ESG投資と謳っている投資商品の公開目論見書や構成銘柄の一部を見れば、誰もが知る大企業がずらりと並んでいるだけだ。また、ある金融機関がESG投資の新商品をつくったところで、新たに環境意識の高い個人投資家がどこからともなく生まれて市場規模が増えるなんてこともあり得ない。「ESG投資市場が急拡大」「ESG投資が従来の投資をアウトパフォーム」といった報道がかまびすしいが、真水のESG投資市場などほとんど存在せず、従来の株式市場をESG投資の看板で上塗りしているだけなので、当然ながら企業側にも真水の資金調達メリットは期待できない。

何かに似ていないだろうか。そう、何も企業の行動が変わっていないのに、従来の活動にタグ付けして胸にバッジをつけさせるSDGsとそっくりなのだ。

ESG投資銘柄に選定されたのか企業側はわからない！

ＥＳＧ投資の候補となった企業には金融機関から質問書が届く。１回のアンケート調査で前述のようなＥ、Ｓ、Ｇに関する質問が２００〜３００問あり、年間で数十回も送られてくる。近年は調査が増える一方だ。

アンケートだけで終わらず、個別のヒアリングに対応することも少なくない。ただし、ほとんどのＥＳＧ評価担当者が金融の専門家のため、質問項目に沿った表面的な会話になりがちで、環境経営や企業の社会的責任について本質的な議論を交わせる人材と出会うことはあまりない。コンサルタントが付き添う場合もＳＤＧｓタグ付けができていれば中身を問わず得点を上げてくれる場合がほとんどだ。もちろん、企業側から「意味がないからこんな調査はやめてほしい」と本音を漏らすことはない。「世の中の動向を把握することができるので当社にとってもメリットです」などと言って大人の対応をしている。

金融機関側でも、スクリーニング作業に要する人員や時間は膨大なはずである。このＥＳＧ評価のために発生した金融機関側のコストは、当然ながら当該ＥＳＧ投資商品の手数料に上乗せされるだろう。従来の投資商品と代わり映えはしないのにもかかわらず、だ。

さらに厄介な点がある。企業側が多大な労力をかけてアンケートや個別のヒアリングに対応しても、各ＥＳＧ投資商品に採用されたか否かのフィードバックが企業側にはない。

結果について問い合わせた際に、ある金融機関からは「投資銘柄に選ばれたかどうかは当該ＥＳＧ投資商品を購入して目論見書を確認してください」との返事を受けたことがある。こんな対応があるのかと憤慨したものだ。

ＥＳＧ調査では、企業としての倫理観や誠実さ、経営の透明性、説明責任などが問われる。そうであれば金融機関側も、銘柄選定結果の回答くらい当然ではないだろうか。また、仮に3カ月後や1年後に銘柄から外れた場合は、組み入れられていた期間と構成比率から資金調達効果を集計して都度フィードバックするくらいの配慮があって然るべきだ。ＥＳＧ投資を行う金融機関側が、企業側に対して誠実さや説明責任を果たしていると言えるだろうか。はなはだ疑問である。

膨大なＥＳＧアンケートに答えたり、ヒアリングや投資家向け説明会を繰り返したり、分厚い非財務情報の報告書をつくる企業側の負荷は莫大だ。昨今、日本企業の労働生産性が先進国のなかで低いと指摘されていることは論を俟《ま》たない。生産性は仕事の成果を仕事の量で割って算出するものだが、一連のＥＳＧ対応業務に関しては長らく分母が増えるばかりで分子がゼロという状態が続いている。企業側では生産性を測ることすらできていないのが現状である。

旗振り役「欧米金融機関」の大罪

2021年7月2日に「アゴラ言論プラットフォーム」へ掲載された杉山大志氏の「ESGの旗を振る欧米金融機関が人権抑圧の香港で事業拡大」という記事（https://agora-web.jp/archives/2052046.html）は衝撃だった。ESG投資の旗振り役である欧米金融機関が人権抑圧を無視して事業を進めているというのだ。

〈欧米金融機関が、人権抑圧にはお構いなしに香港に投資を続け、結果として香港における人権抑圧を容認してしまっている。

この欧米金融機関の行動が中国に送っているメッセージは深刻だ。「人権侵害をしても、香港ひいては中国の経済に悪影響は無い」というメッセージを送ってしまっているのだ。

ESGのSは社会であり、人権は当然含まれる。ESGのGは企業ガバナンスであり、企業経営の健全性が問われる〉（同記事より）

日頃、日本企業にESG対応を迫っている金融機関も、この程度の倫理観しか持ち合わせていないということだろう。我々企業人が深刻に受け止めなければならないのは、これらの金融機関と関係を持つことは、間接的に香港における人権抑圧を容認することにつながる点である。もしも、自社のウェブサイト上でSDGs、ESG、サステナビリティ等を謳っているのであれば、これは看過できない問題のはずだ。

そこで、少なくともここに挙がっている金融機関、ゴールドマンサックス、ブラックストーン、シティグループ、UBS、JPモルガンから今後ESGに限らずあらゆる投資案件の問い合わせが来ても、日本企業は回答を拒否すべきではないだろうか。また、さらに一歩進んだ対応を選択するのであれば、自社が投資銘柄に組み込まれているかを調べて、すべて外すよう要請してはどうだろう。資金提供を受ける側が金融機関を逆選別するのだ。自社の経営戦略や長期目標などでESGを掲げているのであれば、間接的ではあっても人権抑圧に加担するのは許容できない蛮行のはずである。

このような行動に出れば一時的に株価は下がるかもしれないが、ご安心いただきたい。従業員の会社に対するロイヤルティ（愛着心、信頼感）や業務への士気は格段に上がり、生産性の向上につながるはずだ。そして、連日報道されているように株主や投資家がESGを志向しているのであれば、他の投資家が殺到して株価もすぐに戻るはずであり、以前より株価が上がることも期待できるだろう。

「当社は人権抑圧に与する金融機関からの融資なんて結構。本気で持続可能な社会の構築を目指す金融機関としか取引しない」。これくらいのことを言える気骨のある経営者が現れてほしいものである。

本社サイドと現場サイドの対立と分断

ＳＤＧｓへの貢献を表明する企業が増えるにつれ、工場や営業などの担当者から本社のＣＳＲ・サステナビリティ部門に対する不満の声を聞く機会が増えてきた。事業戦略や長期目標等を企画・立案する本社サイドと、営業部門や工場、店舗などの現場サイドとの間でさまざまな軋轢が生じているのである。

ＳＤＧｓやＥＳＧを事業戦略に取り入れた企業のウェブサイトには、カラフルで綺麗な図や２０３０年、２０５０年などの未来に向けた長期目標が並んでいる。その裏側では、膨大な時間と労力をかけてＳＤＧｓ・ＥＳＧそのものと、自社の新事業戦略・長期目標の社内教育が行われている。ところが、工場や店舗の現場、営業部門の最前線まではブレークダウンされておらず、多くの担当者が理解できていないのが実情である。あまり中身を理解しないままに胸にバッジをつけている従業員や役員に出会うことも少なくない。筆者の自宅へ家電製品の修理に来てくれたある家電メーカーのサービスマンも、「よくわからないが本社からつけろと言われているので、このバッジをつけています」と話していた。

これは本社サイドの周知不足でもなければ、現場サイドの理解力不足でもない。やはりSDGs・ESGはわかりづらいのだ。

雲をつかむような理想や一般論ばかりで具体性がないため、本社サイドが策定する理念や大方針には組み込むことができても、現場サイドの組織目標や担当者の業務へブレークダウンする際に皆悩んでしまうのである。SDGsは、一部の企業にとっては有益な面もあるが、すべての企業や部門に落とし込めるものではなく、なかんずくビジネスチャンスになんてなるわけがないのだ。本社・工場・店舗などさまざまな部門から選抜された優秀なメンバーが何人も何日もかけて「どうやったら自部門に落とし込めるのだろう」などと悩んでいる時点で、付加価値もメリットもないことが露呈しているのだ。

何十年も前から日本企業の現場で繰り返されている小集団活動やQC（品質管理）活動、省エネ活動などは、自分たちにメリットがあるからこそ地道に継続されているのだ。もしもSDGs・ESGに付加価値やメリットがあれば、本社サイドが放っておいても現場サイドでどんどん自主的な活動が展開されるはずである。昨今、現場サイドの理解が進まず悩んでいる本社の事務局担当者向けセミナーが増えていることこそが、SDGs・ESGに何の付加価値もメリットもないことの証左と言えるだろう。

外向けにはメリットを発信をする本社サイドに対して、自分たちには何もメリットが見出せず訳のわからないものを押し付けられる現場サイドでは、不満がたまる一方だ。このままでは、こうした不満が顕在化し社内の分断が加速する可能性すらあるだろう。これからSDGsやESGを経営方針や事業戦略に取り入れようとお考えの企業には、ぜひ慎重に検討されることをお勧めしたい。本社サイドと現場サイドが分断してしまっては元も子もない。

過ちて改めざる、これを過ちと謂う

すでに経営方針等へ組み込んだものの現場サイドに浸透させることができず悩んでいる事務局担当者は、これまでコンサルタントに支払った費用や社内でSDGs浸透のために割いてきた人員や時間などのリソースが「サンクコスト」(埋没費用)であると認識しよう。どれだけ追加投資しても回収は見込めないと考えていい。「過ちて改めざる、これを過ちと謂《い》う」といわれる。SDGsを導入したのは仕方がない。人間誰しも間違うものである。今後もSDGsに取り組むために貴重なリソースを割いて、会社の生産性を下げ続けることこそが過ちなのだ。

そこで、事務局担当者はSDGsの導入から現在までの棚卸しを行い、導入当初に期待していた成果とこれまでの成果（あればだが）や、今後期待される効果（あればだが）などを整理したほうがよい。その際に、成果を無理にひねり出すのではまったく意味がない。虚心坦懐に棚卸しを行い、過去を整理することが何よりも重要だ。

ここで、とくに大企業になればなるほど、導入時に経営会議まで通したものなので見直すのが難しい、といった事態に陥るのは想像に難くない。企業経営に限らず、先の大戦での大本営や昨今のコロナ対応など政治の世界でも見られるように、日本社会には「決めるのが遅く、一度決めたことをやめる・変更することができない」という悪弊が蔓延している。経営層やCSR・サステナビリティ部門にとっては自己否定につながる大変難しい判断だが、もしも実現することができれば、これこそがSDGsに取り組んでよかった最大の成果となるだろう。日本企業の悪弊を打破した前例となり、今後の柔軟な意思決定につながるはずだ。

2030年までにSDGsの目標は達成できない

　SDGsの前身は2000年に国連ミレニアム・サミットで採択されたMDGs（Millennium Development Goals、ミレニアム開発目標）である。2015年を最終年とし、貧困の撲滅や乳幼児死亡率の削減、環境問題など8分類21項目を掲げた世界目標だった。当時、筆者も必死にMDGsを勉強して自社で貢献できることを考えていた。このMDGsが未達に終わったことを受けて、ポストMDGsとして今をときめくSDGsが誕生したのである。今度は17分類169項目もある。読むだけで大変な分量だ。

　さて、SDGsの目標達成年とされる2030年の未来を想像してみよう。SDGsは必ず未達に終わる（ここだけは想像ではなく、断言する）。すると2031年以降にポストSDGsが生まれるはずだ。企業のサステナビリティ担当者や学生は、また勉強し直さなければならない。企業では、自社の活動とのSDGsタグ付けもポストSDGsタグ付けとしてやり直しだ。ポストSDGsコンサルタント（元CSRコンサルタント、元SD

Gsコンサルタント、元ESGコンサルタント）は「新たな世界目標ができました！」「日本企業は遅れています！　バスに乗り遅れるな！」と言って企業を煽っているだろう。

ポストSDGsの目標は果たして何項目になっているだろうか。200項目？　300項目？　分量が多いほど、内容が難解なほど、そしてクライアントに成果や付加価値が現れないほど、ポストSDGsコンサルタントは儲かり、サステナブルなビジネスになるのだ。さらにその先の未来である2045年、もしくは2050年にポストSDGsの最終年を迎え、また未達に終わる（ここだけは想像ではなく、断言する）。するとその翌年にはポストポストSDGsが現れ、ポストポストSDGsコンサルタントはまた日本企業に対して……以下略。

日本企業にとって真のサステナビリティ経営とは？

6年以上CSR・サステナビリティ部門に携わっている方であれば、この「MDGs（未達）→SDGs」の流れはよくご存じだろう。では他にも思い浮かぶものはないだろうか。「京都議定書（未達）→パリ協定」は有名だ。「生物多様性2010年目標（未達）

↓愛知目標（未達）↓ポスト愛知目標（２０２１年現在議論中）」をご存じの方は生物多様性の分野について詳しい方だろう。「環境報告書↓ＣＳＲ報告書↓統合報告書・サステナビリティ報告書」は情報開示の変遷だ。では「ＳＲＩとＥＳＧ投資」「環境会計と自然資本会計」「ＳＤＧｓとＥＳＤとＥＳＧ」「Ａ４ＳとＧＲＩとＩＩＲＣとＳＡＳＢとＴＣＦＤ」等の違いや関係を説明できる人が果たして何人いるだろうか？（略語の説明は省略する。詳しくはＳＤＧｓコンサルにお問い合わせいただきたい）

　事程左様に、ＣＳＲ分野の活動は手を変え品を変え目先を変えることが繰り返されてきた。企業自身が取り組んでよかったと振り返れるものが、いくつかあっただろうか。歴史は繰り返すのだ。

　コンサルタント発の喧騒に対して右顧左眄《うこさべん》のＣＳＲ・サステナビリティ経営はそろそろやめる時期だ。ＣＳＲ担当者としては、自社にとって、日本企業にとって、真のサステナビリティ経営とは何かを追究したいものである。

第三章

「地球温暖化」の暗部

現実を無視した「環境原理主義」は世界を不幸にする

有馬 純（東京大学公共政策大学院特任教授）

１９８０年代後半から科学者の間で地球温暖化問題への取り組みの必要性が強調されるようになり、気候変動の科学的解明のため、１９８８年に国連に気候変動に関する政府間パネル（ＩＰＣＣ）が設置された。ＩＰＣＣの知見を踏まえ、１９９２年、リオデジャネイロの地球サミットにおいて、地球温暖化防止のための初の国際的取り組みとして採択されたのが、国連気候変動枠組条約（ＵＮＦＣＣＣ）である。この条約では、すべての国が共通に温暖化防止の責任を負うが、産業革命以降の先進国の経済発展が温暖化の主因であるため、責任の内容には差異があるという「共通だが差異のある責任」との原則が盛り込まれ、先進国は、２０００年までに排出量を１９９０年レベルで安定化させるよう努力するとともに、途上国に対して資金、技術支援を行うことなどが盛り込まれた。

しかし、気候変動枠組条約採択後も先進国の温室効果ガス排出量は増大を続けた。そして枠組条約の下に法的強制力を持った議定書を設け、排出量を削減することが必要だとの認識が高まり、１９９７年に京都で開催された気候変動枠組条約第３回締約国会議（ＣＯＰ３）で採択されたのが京都議定書である。

日本の一人負けに終わった京都議定書交渉

京都議定書では、「共通だが差異のある責任」原則に基づき、米国やＥＵ、日本などの先進国のみが温室効果ガス削減義務を負う。２００８〜12年の5年間を第一約束期間とし、先進国は第一約束期間の年平均排出量を１９９０年当時の排出量から一定比率削減することを義務づけられた。その削減比率は、ＥＵが８％減、米国が７％減、日本は６％減であり、目標が達成できない場合、２０１３年以降の第二約束期間において未達成分の１・３倍の削減が義務づけられるという罰則も科せられる。一見するとＥＵが最も厳しい目標を負ったように見えるが、現実には、1990年という基準年のおかげで追加的努力なしに達成できる目標であった。東西ドイツが統合され、旧東ドイツの古い工場や発電所の建て替えにより、ドイツでは1990年以降、温室効果ガスが減少傾向にあった。また、英国では、1980年代に北海ガス田が発見されたことにより、石炭からガスへの燃料転換が急速に進み、やはり温室効果ガス排出量が減少傾向にあった。EUは、1990年基準年と温室効果ガス削減努力とは無関係の「棚ぼた」を最大限利用したのである。

当時、世界最大の排出国であり、先進国の排出量の約50%を占める米国は、クリントン政権の下で京都議定書に署名したものの、2001年に誕生したブッシュ政権の下で議定書を離脱してしまった。条約の批准権限を有している上院が京都議定書採択の数カ月前、「途上国が先進国と同等の義務を負わない条約には加盟しない」との決議を全会一致で採択していたからだ。京都議定書がこの基準を満たさないことは明らかであり、米国代表団を率いていたアル・ゴア副大統領（当時）は、上院で決して批准されることのない京都議定書に署名したことになる。

日本は、二度にわたる石油危機の苦い経験から、省エネを進め、先進国中、最もエネルギー効率の高い国になった。このため、追加的なCO_2の削減は容易ではなく、当初は

1990年比0・5％減程度の目標を念頭に交渉していたが、「京都会議を成功させるためには議長国として、もっと野心的な目標が必要だ」と迫ってきたのがゴア副大統領である。結局、日本は、森林吸収源と他国からの排出削減クレジットの購入（京都メカニズム）を目いっぱい織り込んで6％減という義務を負う羽目となった。

京都議定書交渉は日本の外交的敗北であった。EUは寝転がっても達成できる8％減目標、米国は逃げてしまい、あとに残された日本は6％減目標達成のため、海外から1兆円を超えるCO_2排出削減クレジットを購入することとなった。そして、日本が購入する排出削減クレジットの市場として潤ったのが英国のロンドンであった。

ポスト2013年枠組みの合意と京都議定書からの訣別

2000年以降、中国の排出量が急増し、2006年には、米国を超えて世界最大の排出国となった。2009年に民主党・オバマ政権に代わった米国も、中国が義務を負わない京都議定書に復帰しないとの方針を明らかにしていた。先進国のみが義務を負い、世界第1位、第2位の排出国である中国や米国が排出義務を免れている京都議定書では、温暖化問題を解決できないことは誰の目にも明らかであり、京都議定書で苦杯をなめた日本は、2013年以降の国際的枠組みは、「米国や中国を含むすべての主要排出国の参加する公平で実効性あるものとすべき」との方針で交渉に臨むこととなった。

京都議定書実施の1年目に当たる2008年時点で、国連では2つの交渉が同時並行で行われていた。ひとつは、すべての国が参加し、温室効果ガス削減・抑制に努力する枠組みを構築するための交渉であり、京都議定書から離脱した米国も参加していた。もうひとつは、京都議定書第二約束期間における先進国の削減目標を決めるための交渉であり、こちらは米国不在である。先進国は、途上国にも温室効果ガス抑制に応分の努力を促すため、前者の交渉を重視したが、途上国は、先進国のみが義務を負う京都議定書の延長を強く主張していた。

枠組み論と並んで大きな議論になったのが、2020年の温室効果ガス削減目標である。当時の自民党・麻生太郎政権では、日本だけが重い負担を負うこととなった京都議定書の苦い経験を踏まえ、各国の削減コストも比較しつつ、2005年比15%減（1990年比8%減）という2020年目標を表明した。しかし、2009年9月に誕生した民主党・鳩山由紀夫政権は何らの検討を経ることもなく、この目標を一気に

1990年比25％減に引き上げた。当時、EUは1990年比20～30％減という目標を掲げ、環境NGOなどが「日本もそれに倣うべきだ」と主張していたことに盲従したものであり、愚かしいの一言に尽きる。

日本が、このようなクレージーな目標を出してしまった以上、なおさら法的義務を伴う京都議定書第二約束期間にこの目標を掲げて参加することは論外であった。筆者は2010年にメキシコのカンクンで開催されたCOP16において「いかなる条件、状況の下であっても京都議定書第二約束期間には決して参加しない」と表明した。途上国や国内外の環境NGOは、「京都で生まれた京都議定書を日本が殺そうとしている」と激高し、日本はこの日、国際環境NGOが温暖化交渉に後ろ向きな国を名指しする「化石賞」の1位から3位をぶち抜きで受賞することとなった。しかし日本政府代表団は、そうした圧力に屈することなく、結果的に京都議定書第二約束期間には参加せず、米国や中国を含むすべての国が参加する枠組みとしてCOP16で採択されたカンクン合意に参加することになった。

カンクン合意の基本的な枠組みは、先進国や途上国を問わず、すべての国々が温室効果ガス削減・抑制のための目標・行動を自主的に定め、これを国連事務局に登録し、その進捗状況を定期的に報告し、国際レビューを受けるというものであり、この考え方はパリ協定にも引き継がれることとなった。第二約束期間への参加を拒否し、米国も中国も巻き込んだカンクン合意にのみ参加することにより、日本は、京都議定書の敗北の雪辱を果たしたのである。

各国の自主的な目標設定が盛り込まれたパリ協定

カンクン合意は2020年までの枠組みであり、2020年以降の枠組みについては白紙状態であった。このため早くも2011年から2020年以降の枠組み交渉が始まり、4年にわたる厳しい交渉を経て、2015年にパリのCOP21で採択されたのがパリ協定である。そのエッセンスは次の3点に集約される。

第一に、産業革命以降の温度上昇を1・5～2℃以内に抑制するよう努め、そのために、21世紀後半のできるだけ早いタイミングで温室効果ガスの排出と森林などによる吸収のバランスを図る（これを「ネットゼロエミッション」という）とする地球全体の目標が盛り込まれた。

第二に、各国は国情に合わせ、温室効果ガスの削減・抑制に関する目標（NDC:Nationally Determined Contribution）を設定し、国連に通報するとともに、その実施状況を定期的に報告し、専門家のレビューを受けることとなった。各国の目標値は5年に一度見直すこととされている。これは、各国が自主的に目標を設定して対外表明（プレッジ）し、その達成状況をレビューすることから「プレッジ＆レビュー」と呼ばれ、カンクン合意の考え方を踏襲するものである。

第三に、2023年から5年に一度、地球レベルの目標に向けた進捗状況を評価する「グローバル・ストックテイク」と呼ばれるプロセスが盛り込まれた。各国が自主的に設定した目標を足し上げても、地球全体の温度目標が達成される保証はない。このため定期的に両者を比較し、各国の目標数値の改訂の参考にすることとしたのである。

パリ協定は、京都議定書と異なり目標値を各国が定め、目標が達成できなかったとしても罰則的規定はない。京都議定書に比べると枠組みが緩やかなパリ協定は実効性を欠くとの見方もあるかもしれないが、ボトムアップの柔軟な枠組みであるからこそ、米国や中国を含めすべての国の参加を得ることが可能になった。枠組みの堅牢さにこだわり、京都議定書のように一部の先進国しか参加しない枠組みになってしまったのでは意味がないのである。

「全地球温度目標」と「各国の自主的目標設定」の相克

パリ協定におけるボトムアップのプレッジ&レビューは、すべての国の参加を得るうえで非常に有意義なものであったが、環境NGOをはじめとする環境派の人々は、産業革命以降の温度上昇を1・5～2℃以内に抑えるというトップダウンの温度目標が書き込まれたことを重視していた。この目標がすべてに優先するものであり、各国の設定する目標は、温度目標達成に対して整合的なものであるべきだというのが彼らの発想であった。

パリ協定の持つトップダウンの性格（全地球温度目標）とボトムアップの性格（各国の自主的目標設定）の間の相克は、2018年に発表されたIPCCの『1・5℃特別報告書』によってさらに深まることになった。この報告書では、1・5℃で温度上昇を安定化するためには地球全体の排出量を2050年頃にネットゼロエミッションにし、2030年には世界の排出量を現状から45％削減する必要があるとの目標値が示された。加えて国連環境計画（UNEP）は各国のプレッジした目標を積み上げてもパリ協定の温度目標達成には遠く及ばず、とくに1・5℃目標を達成するためには、2030年時点で290億トンから320億トンの追加削減が必要であるとしている。

これらを受けて国連やEU、環境NGOなどは、「各国は2050年ネットゼロエミッションにコミットし、そのために2030年目標を大幅に引き上げるべきだ！」と声高に叫び始めた。これは、1・5℃目標達成を絶対視する発想に基づくものであり、「産業革命以降の温度上昇を1・5~2℃以内に抑制する、21世紀後半のできるだけ早いタイミングでネットゼロエミッションを目指す」というパリ協定の規定を踏み越えるものである。そもそも290億~320億トンとは、中国の全排出量の3倍に当たり、今後10年間でこれだけの排出削減をすべきだという議論は、途方もないものである。

パリ協定は、トップダウンとボトムアップの両面のバランスを図るという設計になっていたが、最近の議論は、トップダウンの1・5℃目標と、そのための2050年ネットゼロエミッションがいつの間にか事実上の規範になり、各国の実情を踏まえた目標設定という側面が隅に追いやられてしまっている。各国の実情の違いや他の政策目的の存在にかかわらず、1・5℃目標、2050年カーボンニュートラルを絶対視するのは、「環境原理主義」そのものであり、グレタ・トゥーンベリは、その象徴的な存在といえるだろう。

グレタ・トゥーンベリの登場と環境原理主義

世界で最も有名な環境活動家、グレタ・トゥーンベリは8歳のときに気候変動問題に目覚め、15歳のときに授業を休み、スウェーデン議会の前で、たったひとりの「気候のための学校ストライキ」を始めた。彼女が世界にその存在を強く印象づけたのは2019年9月、アントニオ・グテーレス国連事務総長の招きで国連気候サミットに出席した際、怒りに顔をゆがめながら行った「人々は苦しんでいます。人々は死んでいます。生態系は崩壊しつつあります。私たちは、大量絶滅の始まりにいるのです。なのに、あなた方が話すことは、お金のことや、永遠に続く経済成長というおとぎ話ばかり。よく、そんなことが言えますね（How dare you!）」という演説であった。

彼女は、いまや世界のメディアの寵児であり、「21世紀のジャンヌ・ダルク」と呼ぶ人すらいる。「各国の対策は生ぬるい、もっと野心的な行動をすべきだ」と言う彼女の主張自体は、これまで環境NGOが掲げてきたスローガンと変わるところはないが、温暖化の進行で被害を受ける将来世代を代表したグレタが現在世代のリーダーを糾弾するところに新奇性があったのである。グレタは、世界の環境NGOの強力な広告塔となった。

グレタが体現し、世界を席巻している環境原理主義の起源は欧州にある。環境に特化した緑の党の政治的影響力が強いのも欧州特有の現象である。ドイツの緑の党はいまや一大政治勢力であり、シュレーダー政権では、社民党とともに連立政権を形成し、再生可能エネルギー法や脱原発などの政策を推進してきた。

日本や米国に比べ、欧州ではなぜ環境原理主義的傾向が強いのであろうか。グレタの出身国であるスウェーデンを筆頭に、欧州は一人当たりの所得が高い成熟社会であり、生活レベルの向上や経済成長よりも環境などの無形の価値に関心が高いという点が挙げられる。先住民の征服と自然を切り拓いて国を形成してきた米国と異なり、自然は共生対象という意識が相対的に高いという側面もあろう。

とくにエコロジー志向が強いドイツについて、読売新聞社元ベルリン特派員の三好範英は、その著書『ドイツリスク「夢見る政治」が引き起こす混乱』の中で「ドイツ人の自然に対する強い思い入れは18世紀末のロマン主義にさかのぼり、ドイツ青年運動、ナチズムから現代の環境保護運動や緑の党にまでつながっている。ドイツロマン主義は、自然と共感しなければ自然を知ることはできないという神秘主義を核としている。こうしたドイツ人の魂のあり方は、理性よりも感性を重んじる『夢見る人』の性向、経験論的に情報を集めて冷静に分析するよりも非合理的情動に依拠して行動を急ぐ姿勢につながる」と指摘している。

キリスト教一神教文化も影響しているだろう。欧州の環境関係者の言動からは、「自分たちこそが地球環境のことを考えており、世界を導かねばならない」という唯我独尊性を感ずることがしばしばある。かつて十字軍を派遣して異教を征伐し、キリスト教布教のために世界中に宣教師を派遣した熱意を彷彿とさせる。

環境原理主義と全体主義、社会主義の親和性

サッチャー政権時代に蔵相補佐官を務めた英国人ジャーナリストのルパート・ダーウォールは、著書『緑の専制（Green Tyranny）』の中でナチズムと環境保護運動とのかかわりを指摘している。ナチスは、環境保護運動や嫌煙運動、健康志向運動を強力に推し進めた最初の政権であり、風力発電所を初めて国家的プロジェクトとして推進した。ダーウォールは、「ナチズムには、合理主義や資本主義に対する根強い敵意があり、人間の行動様式を自然の法則に従わせるよう政府の力で改変しなければならないと考える。ナチズム

から民族差別や軍国主義、世界征服の野望を差し引き、温暖化を付け加えれば、今日の環境原理主義とほぼイコールである。環境原理主義と社会主義もつながっている。ドイツ緑の党の創設メンバーは、過激な新左翼であり、緑の党は、反核運動や反原発運動、平和運動を国内で推し進め、東西冷戦下、西側諸国の結束の阻害を狙うソ連にとって便利な存在であった」と述べている。

ソ連が崩壊した1990年以降、マルクス主義の退潮と期を一にして地球温暖化を中心とした環境原理主義が大きく盛り上がってきたことは間違いない。地球環境保全という誰も否定できない錦の御旗を立てれば、資本主義の権化ともいうべき企業を遠慮会釈なく攻撃できる。温室効果ガス削減のために企業や工場の排出を管理し、排出量を割り当てるという発想は、計画経済的・社会主義的であると同時に、自然に合わせて人の行動変容を求めるという点は、かつてのナチズムとも共通している。「民主社会主義者」を自称するバーニー・サンダース上院議員やアレクサンドラ・オカシオ゠コルテス下院議員など、米国民主党の左派・プログレッシブの人々が過激な環境原理主義者であることは偶然ではない。「環境活動家はスイカである」という「なぞかけ」がある。その心は「外側は緑だが中は赤い」――。環境原理主義の一面の本質を突いた評言である。

利益共同体としての気候産業複合体の存在

環境原理主義は、いまや単なるイデオロギーではなく、一大利益共同体を形成している。ダーンウォールは、これを「気候産業複合体」と名づけている。

●気候産業複合体は、政治家や官僚、学者、環境活動家、ロビイスト、メディアなどからなり、その人的ネットワークを通じて政府の施策に影響力を及ぼしている。

●彼らは、温暖化のリスクをあおり、再生可能エネルギーなどの便益を過大評価、コストを過小評価することにより、巨額な再生可能エネルギー補助金を誘導している。

●グリーンピース、気候ネットワークなどの環境NGOは、気候産業複合体の突撃隊であり、科学的・技術的合理性ではなく、恐怖と感情に基づいて、化石燃料や原子力を攻撃し、再生可能エネルギーのみを推奨している。

●環境意識の高い米国西海岸では、IT（情報技術）長者やヘッジファンドが環境NGOや気候学者に膨大な資金を供給している。富裕層にとって、環境分野への支援は自分たちの富への攻撃を避ける免罪符である。

●潤沢な研究資金に支えられ、学界では気候変動の危機をあおる一方、対策コストを過小評価する論文が続々と生産され、IPCC報告書に引用されている。

●メディアは、温暖化の恐怖をあおることにより、視聴者数や購読者数を増やすことができる。冷静、客観的な報道よりも、「山火事も台風も洪水も気候変動によるものだ。2050年までにカーボンニュートラルを実現しなければ人類は滅亡する」といったセンセーショナルな報道のほうが読者への訴求力は圧倒的に高い。

昨今ではこれに金融界も加担している。金融機関や投資家が化石燃料関連活動から資本を引き上げるダイベストメントの動きが活発化し、反対にESG（環境・社会・ガバナンス）投資は、年々大きく拡大を続けている。なかでも再生可能エネルギーについては、膨大な補助金や導入義務づけに支えられ、利益が確実に見込める投資として莫大な投資資金が流れ込んでいる。炭素制約が強まり、炭素クレジットや非化石価値が取引されるようになれば、それを媒介する金融セクターが潤うことになる。

政界や学界、活動家、再生可能エネルギー産業、メディア、金融が、それぞれ環境原理主義的な風潮から利益を受けるなかで、気候産業複合体は、いまや各国の政策を左右する存在になっている。

エコファシズムの台頭

しかしグレタが体現する環境原理主義は、世界を幸福にするどころか、かえって不幸にする。世界には温暖化以外にもさまざまな問題があり、環境原理主義のように温暖化防止という切り口だけで世界を律することはできない。ある政策目標を追求すれば、別な政策目標との間でトレードオフが生ずることは明らかである。とくに「お金とか経済成長はおとぎ話」というグレタの発言には強い違和感を感じる。国連が世界の50万人を超える人たちにSDGs（持続可能な開発目標）の17の目標のうち、自分にとって重要なものを5つ選べとのアンケート調査を行ったところ、スウェーデンでは気候変動が1位であったが、貧しい途上国で上位になるのは貧困撲滅、教育、ヘルスケア、雇用であり、気候変動の優先順位ははるかに低い。これらの課題に対応するためには何よりも経済成長が重要なのであり、世界で最も豊かな国に生まれ育ったグレタが経済成長を見下す発言をするのは傲慢でしかない。

また環境原理主義者の求める施策は安価なエネルギーへのアクセスを制約し、世界の貧困層に重い負担をもたらす。エネルギーコストが上昇すれば、低所得層は他の用途への支出を減らさねばならない一方、屋根上ソーラーにせよ、電気自動車にせよ、環境原理主義者が主張する政策で経済的便益を受けるのは富裕層である。

環境原理主義者は、「科学に基づく絶対正義」を体現し、自分たちの意見に異を唱える人々を「温暖化懐疑論者・否定論者」として徹底的に排除する。「懐疑論者・否定論者」には、「地球温暖化はCO_2が原因ではない」という論者のみならず、「温暖化は温室効果ガスに起因するものだが、温暖化対策に過大なリソースを割くことはバランスを欠いている」といった論者も含まれる。筆者がポスト京都国際枠組みの交渉に関与している際、「先進国は2020年までに1990年比25~40%削減すべきだ。これはIPCCの科学の要請だ」という議論が途上国や環境団体から声高に主張されたが、これはIPCC報告書で紹介された論文に掲げられたものであり、IPCC自身の勧告でも何でもない。しかし、この数字に反論すると「科学の要請に背を向ける」と批判を受け、化石賞も何度となく受賞した。

2020年7月、グレタ他4名の環境活動家が「ただちにすべての化石燃料開発・採掘投資をやめろ。環境虐殺（エコサイド）を国際刑事裁判所で国際犯罪として裁け」との公開書簡を発出した。こうなると「環境全体主義」「エコファシズム」である。化石燃料は温室効果ガスを発出する一方、安価で安定的なエネルギー供給を通じて世界の人々の生活水準を向上させてきた。いったいどの法律や条約を根拠に、どのような基準で刑罰を下そうというのか。これは「温暖化対策への懐疑論は環境虐殺への加担だ」という議論にもつながる。

環境原理主義は現実の前に敗北する

本年（2021年）4月の気候サミットは環境原理主義的傾向を強めるバイデン政権が米国のリーダーシップをPRするためのイベントであったが、中国、インド、ロシア等の非OECD諸国は米国の求める目標値引き上げには同調しなかった。また今年6月に英国主催で開催されたG7サミットでは2050年カーボンニュートラルや脱石炭を前面に打ち出したが、翌7月にイタリア主催で開催されたG20気候変動・エネルギー大臣会合ではそうした文言は盛り込まれなかった。COP26に向けて弾みをつけたい議長国・英国は7月に気候変動大臣会合を開催したが、欧州が押し付ける脱石炭論に反発するインドは参加しなかった。いずれもSDGsは17あるのに、温暖化ばかりを追求する欧米の理念主義温暖化外交の敗北である。

その欧米諸国も高い目標を掲げているうちはよくても、野心的目標がエネルギーコストの上昇につながってくると、ことは容易ではない。2018年末から2019年初めにフランス全土を席巻したイエローベスト運動のきっかけは炭素税引き上げに伴う燃料費の上昇だった。2018年のAPとシカゴ大学の調査によれば、米国人の10人に7人は温暖化問題を現実の脅威ととらえているが、温暖化防止のために追加的に負担する用意のある金額は月1ドル、年間12ドルとの回答が最も多かった。他方、国際エネルギー機関（IEA）によれば、2050年カーボンニュートラルのために米国人が負担すべき炭素コストは年間1200ドル近くになる。EUは温暖化目標引き上げに伴うコスト増が産業競争力に与える悪影響を相殺するため、炭素国境調整措置を導入するとしているが、これに中国、インド、ロシアなどが強く反発しており、貿易戦争を恐れる欧州自動車業界は是々非々の姿勢を示している。環境原理主義はスローガンとして強力であるが、野心レベルの高まりに比例して現実との乖離も広がっている。

温暖化は現実に生じている問題であり、温室効果ガスの削減が必要であることは論を待たない。しかし、多くの課題を抱える現代社会において、温暖化防止をすべてに優先する環境原理主義の主張は、自由を愛し、豊かで快適な生活を求める人間の本質と相いれない。中世の異端審問やイスラム原理主義など、古来、異端を排除する原理主義が人間を幸福にしたためしはない。

■

新型コロナ起源論争でわかった「科学者の合意」ほど危ないものはない

掛谷英紀（筑波大学システム情報系准教授）

この世の中には、さまざまな「環境にやさしい」がある。その主張は、しばしば「これは科学によって裏づけられている」との印籠《いんろう》とともにやってくる。2007年には米国元副大統領のアル・ゴア氏とIPCC（気候変動に関する政府間パネル）が、人為的に起こる地球温暖化の認知を高めたことを評価され、ノーベル平和賞を受賞した。IPCCは地球温暖化による気候変動に関して科学的・技術的見地から包括的な評価を行うことを目的に、WMO（世界気象機関）とUNEP（国連環境計画）により設立された。主に科学者によって構成されるため、IPCCの見解はしばしば「科学者の合意」と紹介されることが多い。

現代においては、「科学者の合意」であることは、多くの人にとって最も信頼を得る力があるように見える。「政治家の合意」「官僚の合意」「経営者の合意」「宗教指導者の合意」であると言われても、現代人の多くはそれにさほどの敬意を示さないであろう。それだけ、科学の社会的権威が相対的に増しているのである。しかし、この世のあらゆる権威は腐敗を宿命づけられている。その権威を私欲のために利用しようとする悪意の人間が必ず群がるからである。

であるから、現代において「科学者の合意」ほど危ないものはない。環境問題においても、科学的に十分検証されていない説が「科学者の合意」として紹介され続けてきた。本来、科学の学説の多くは、不確かさを含んでいる。科学者の合意ではなく、実験や観察の積み重ねによって真理が確定するまで、あらゆる可能性に対して門戸を開いておくことこそが、科学が健全であることの必要条件である。十分な検証を経ない段階での「科学者の合意」などというものは、科学においては決して重視してはならない。「合意」によって真理を確定させるとすれば、それは政治であって科学ではない。

実はごく最近、まさにその「科学者の合意」によって、科学的真理がうやむやにされかけた大きな事例があった。それは新型コロナウイルスの起源に関する議論である。そこで、本稿ではこの問題における科学者たちの振る舞いを紹介することによって、環境科学者を含む現代の科学者たちがいかに真理の探究からかけ離れた存在になっているかを明らかにしたい。

陰謀論ではなくなった「武漢研究所起源説」

２０２１年7月末時点でも日本ではあまり報じられていないが、英語圏では新型コロナウイルスの起源が武漢の研究所流出ではないかという話が大きな話題となっている。これは単なるゴシップではなく、政府関係者や一部の研究者が真面目に取り上げている説である。２０２１年5月26日には、バイデン米大統領が新型コロナウイルスの発生源解明に向けた追加調査を行い、その結果を90日以内に報告するよう情報機関に指示している。同年7月15日には、ＷＨＯ（世界保健機関）のテドロス事務局長が、研究所の事故はよく起きることであり、中国はこれまで研究所の情報を十分公開していないとして、ＷＨＯの新型コロナウイルスの起源に関する第2次調査に協力するよう中国に求めた。8月2日には、米国連邦議会下院外交委員会の共和党のメンバーが、新型コロナウイルスの起源は研究所からの流出であるとする報告書を発表した（これはさすがに日本でも一部大手メディアが報道するに至った）。

しかし、新型コロナウイルスの研究所流出説は、ずっと陰謀論扱いされてきた。実際、ウイルス研究所流出説は長い間フェイスブックのファクトチェック（投稿禁止）の対象となっていた（今では、対象から外れている。こうしたSNSによる情報統制は、環境科学に関するテーマにおいても見られる現象である）。それが科学的に真面目に議論すべき有力な仮説に浮上したのはなぜか。

大きな転換点になったのは、2021年5月5日付で『原子力科学者会報』に掲載されたニコラス・ウェイドの記事"The origin of COVID: Did people or nature open Pandora's box at Wuhan?"（COVIDの起源：武漢でパンドラの箱を開けたのは人間かそれとも自然か？）である。彼は、長年『ニューヨーク・タイムズ』で科学記者を務めた著名なジャーナリストである。その彼が、研究所流出説を強く示唆する記事を書いたのである。その内容には、ノーベル医学・生理学賞受賞者のデイビッド・ボルティモアが人工説を支持していることも含まれていた。これにより、新型コロナウイルス研究所起源説が陰謀論扱いから脱するに至った。同月14日には、学術誌『サイエンス』において、新型コロナウイルスの起源について武漢研究所流出説を排除しない公正な調査を求める、18人の研究者を共著とするレターが掲載された。この署名者には、微生物学を専門とするスタンフォード大学のデイビッド・レルマン教授などの著名な生物学者も含まれた。

2021年5月といえば、新型コロナウイルスの存在が世界に知られるようになってから16カ月も経っている。では、なぜそれまで、科学的に有力な説が陰謀論扱いされ続けたのか。その裏には、科学者たちの政治的暗躍があった。

新型コロナ天然説は政治的意図によって形成された

新型コロナウイルスの起源が自然界の動物からの感染であり、研究所由来との説が陰謀論であるという世論を形成するのに大きな影響を与えた文献が2つある。一つが2020年2月に学術誌『ランセット』に掲載されたレター、もう一つが2020年3月に学術誌『ネイチャー・メディスン』に掲載された論文（コレスポンダンス）である。

ランセットのレターには27人の研究者が署名している。内容は、「新型コロナウイルスが自然発生でないことを示唆する陰謀論を断固として批判する」「陰謀論の拡散は恐怖心や流言、偏見をあおるだけで、疫病に立ち向かうための国際連携を危うくする」と主張するものであった。

このレター掲載実現のために中心的な役割を果たしたのが、著者の一人でもあるピーター・ダシャックである。彼は非営利組織「エコヘルス・アライアンス」のトップであるが、同組織はNIH（アメリカ国立衛生研究所）から、機能獲得研究（ウイルスの遺伝子を組み替えて、感染力や毒性を強める研究）について大量の研究費を受け取り、それを中国の武漢ウイルス研究所に流していたことが明らかになっている。また、ダシャックは、2021年初めに武漢に派遣されたWHO調査団に米国から参加した唯一のメンバーである。当然ながら、これらの行動については、利益相反の問題が各所から何度も指摘されている。

学術誌ネイチャー・メディスンに掲載された論文は、クリスチャン・アンダーセンを筆頭著者とする5名の研究者によって書かれたものであり、その存在は日本の専門家の間でも広く知られている。日本の医師で天然説を信じている人も、この論文を根拠にする人が多かった。しかし、この論文の中身を読めば、ウイルスが天然由来であるという科学的根拠は非常に薄弱なものであることは明らかだった。医師の多くは、論文の結論だけを鵜呑みにして、中身を検討しなかったものと思われる。この論文は、天然由来であることの根拠として、次の2つを提示していた。

一つは、ACE2受容体結合部位（新型コロナウイルスのうち、人間の細胞表面にあるACE2受容体に結合する部分）が完全に最適化されていないという理由である。しかし、その後の研究で、同部位は人間のACE2受容体に最適に近い形で結びつくような構造をしており、他の動物よりも人間のACE2受容体に最も強く結びつくことが明らかになっている。これは、動物から人間に感染したウイルスにおいては基本的にあり得ない特徴である。

もう一つはバックボーンになるウイルスがないという理由である。バックボーンとは、人工的な改変をする前の、オリジナルのウイルスのことである。もし、新型コロナウイルスが人工的に改変されたウイルスならば、改変部分以外はすでに知られたウイルスと同じであるはずだというわけである。しかし、この点については、武漢ウイルス研究所が自然界から採集したウイルスのデータをすべて公開していない可能性がある。実際、武漢ウイルス研究所は2019年9月に、それまで外部からアクセスできた研究所のデータベースを遮断して、外から見られない状態にしている。この理由について、中国は新型コロナウイルスのパンデミックにより外部からのネットワーク攻撃に晒されたためだとしている。しかしながら、2019年9月の段階では新型コロナウイルスの情報は当然世界には知られておらず、この中国の説明には大きな矛盾がある。

2021年6月になって、これらの文献が科学者たちによって政治的意図をもって書かれた文書であることを裏づける証拠が出始めた。最も大きなインパクトがあったのが、FOIA(情報自由法)に基づいて公開されたアンソニー・ファウチ(NIH傘下の米国立アレルギー感染症研究所所長)の電子メールである。その中には、科学者たちの間の癒着を雄弁に物語る数々のやりとりが含まれていた。

科学者たちの間の〝癒着〟

なかでも、ダシャックからファウチに送られた2020年4月18日のメールは注目に値する。その日ホワイトハウスで行われた記者会見において、ファウチは新型コロナウイルスの起源は武漢の研究所とする説は陰謀論であると述べた。その直後、ダシャックはファウチに感謝のメールを送っているのである。これは科学者同士の深刻な癒着である。

また、FOIAで公開された資料の中には、アンダーセンらを著者とするネイチャー・メディスン誌の論文が掲載される約1カ月半前の1月31日、アンダーセンがファウチに送った電子メールが含まれていた。そこで、アンダーセンは「人工的に見える遺伝子配列の特徴を見出すにはすべての配列を非常に注意深く見なければならない」「今日終えた議論で、エディー、ボブ、マイク（この3名のうちの2名はネイチャー・メディスンの論文の共著者とみられる）と私は皆、この遺伝子配列は自然進化説とは整合性がとれないとの見解で一致した」と書いてファウチに送っているのである。これに対し、ファウチは「すぐ電話する」と返信している。

この後、2月4日には、ネイチャー・メディスンの論文の草稿と思われるものが、著者の一人であるエドワード・ホームズからジェレミー・ファラーを経由してファウチ宛に転送されている。エドワード・ホームズのメールには、「頭がおかしいと思われないように、他の異常な点については言及しないようにした」との記述がある。

このファラーは英財団ウェルカム・トラスト代表で、生命科学の研究を金銭的に支援してきた人物である。彼は2021年7月に『スパイク』と題する今回のパンデミックを題材にした著書を出版した。その本において、当初アンダーセンは60〜70%、ホームズは80%の確率でウイルスは研究所起源であると考えていたとファラーは書いている。

1月31日の時点で新型コロナウイルスに人工的改変が含まれると思っていた彼らが、ほんの数日のうちになぜ意見を変えて天然説を主張する論文を書いたのか。この点について、ファラーは十分な説明を与えていない。時系列的に考えて、2月1日にファウチ、ファラー、アンダーセン、ホームズらが参加した電話会議において、ファウチからアンダーセンとホームズに対して何らかの圧力があったものと想像される。

では、なぜファウチは圧力をかけてまで新型コロナウイルス研究所起源説を打ち消す必要があったのか。それは危険な研究であるとの批難を浴びても機能獲得研究を擁護し続け、武漢研究所の資金源となったエコヘルス・アライアンスにＮＩＨの資金を流す決定をしていた中心人物が、ファウチ自身だったからである。実際、米国連邦議会上院において、２０２１年の5月と7月にファウチはこの点をランド・ポール議員から激しく追及されている。もし、ウイルスの起源が武漢の研究所であると確定すれば、ファウチは窮地に追い込まれる。だから、ウイルス研究所起源説はどんなことがあっても葬り去りたかったのだと想像される。

もちろん、ウイルス研究所起源説を葬り去るのに協力したのは、ファウチと先に登場したその周辺人物だけではない。ウイルス学に携わる世界の研究者のほとんどが、新型コロナウイルスの起源が研究所であることはあり得ないと口を揃えていた。専門家集団の意見がそこまで一致すると、門外漢が反論するのは難しい。では、なぜ彼らは科学的証拠など何もないのに、ウイルスの起源が天然であると断言したのか。

科学的真理が最優先ではない現代の科学者たち

その理由を考えるヒントになる貴重な証言をしているのは、カリフォルニア大学バークレー校のリチャード・ムラー名誉教授である。以下の証言は、彼がハドソン研究所のセミナーと米国連邦議会下院の公聴会で語った内容をもとにしている。

同教授の専門は天体物理学であるが、新型コロナウイルスの起源に興味を持ち、自ら関連する論文を読み始めたそうである。もちろん、専門知識がないので、誰かの助けが必要である。そこで、自分が大学に在籍していたときの人脈を使って、生物学の専門家に助けを求めた。しかし、その一人は協力を拒否した。研究室のボスである彼は忙しいからだと思い、協力してくれる部下を誰か一人紹介してくれとムラー教授は頼んだ。すると、そのボスは「うちの研究室には誰一人協力する者はいない。もし研究所起源説を調べているとわかったら、中国の研究者と共同研究ができなくなる。そんなリスクを冒す研究者はいない」と答えた。ムラー教授はその言葉を聞いて、自由主義国であるはずの米国の研究の自由が、中国という独裁国家によってコントロールされていることに激しい恐怖を覚えたそうである。

ムラー教授は、次に別の生命科学者に同じことを頼んだ。すると、その協力者はこう答えたそうである。「研究所起源説といえば、トランプ大統領（当時）が言っていることと同じではないか。もしトランプの言っていることが正しいと証明されれば、トランプが大統領選に勝ってしまう。そんなことに協力できるわけがない」。この科学者にとっては、科学的真理が何かよりも、大統領選の結果のほうが大事だったというわけである。彼はもはや科学者というより政治活動家と呼ぶほうが相応しいであろう。

さらに、ムラー教授が下院の公聴会に出席することになったとき、彼の仲間の科学者たちは一斉にそれに反対したと公聴会で語っている。その公聴会が共和党の議員主催であることが理由だった。科学的真理を語るのに、相手がどの政党の議員かは一切関係ないはずである。ところが、米国の科学者はその程度のことも理解できないほど、本来の科学マインドを忘れ、政争に自らを埋没させてしまっているのである。

以上のことからもわかるように、現代の科学者は科学的真理を最優先する聖人では決してない。彼らにとっては、自らの立場や地位を守ること、自らの研究を継続する環境を維持すること、自分の応援する政党が勝つことのほうが、科学的真理の探究よりもはるかに重要なのである。もし、新型コロナウイルスの起源が研究所の事故による流出だとすれば、科学研究により世界で400万人以上の命が奪われたことになる。さらに、今この瞬間も、世界の研究所で危険なウイルスを新たに作り出す機能獲得研究は野放図に継続されている。たとえこのウイルスの起源が研究所でなかったとしても、機能獲得研究の規制強化に関する議論は、世界の人々の命を守るのに必要不可欠のはずである。にもかかわらず、世界の生命科学者は、数百万人の命より自分の地位や政治信条を優先している。これは非常に恐ろしいことである。

もちろん、世の中には例外もいる。WHOのアドバイザーも務める米国人のジェイミー・メッツルは、新型コロナウイルスの起源が研究所であることを初期から疑っていた人物の一人である。彼は民主党支持者であるが、最近はリベラル系のメディアにも、

FOXのような保守系メディアにも両方出演している。彼はウイルス研究所流出説を語ったことで、仲間の民主党支持者から非難されたそうであるが、その彼がFOXの番組『タッカー・カールソン・トゥナイト』で語った次の言葉が印象的である。

「私はトランプの発言の95％に賛同できないが、新型コロナウイルスの起源については彼の言うことが理にかなっていると思った。どの政党の支持者であっても、それを誰が言っているのかを忘れ、データと証拠に集中して、ウイルスの起源という困難な問いに立ち向かう必要があると感じた」

彼は、米国に残された数少ない良心である。

学会優先が生む「環境にやさしい」のウソ

以上述べてきた新型コロナウイルスの起源の問題を、環境科学と関連づけて考えてみよう。新型コロナウイルス研究所起源説を葬り去ろうとした米国の生命科学者たちは民主党支持者であった。地球環境問題に関する政策について積極的なのも民主党であり、環境科学者もほとんどが民主党支持者であると考えられる。

新型コロナウイルスの起源について、生命科学者が科学的真理よりも党派性を優先したことから、環境科学者も同様の行動原理で動いている可能性は高いと想像される。実際、彼らの主張する「科学」には、しばしば科学的に正しくないことが多く含まれる。たとえば、グリーンエネルギーとして太陽光発電や風力を推進する環境科学者が多いが、それらは不安定でベースロード電源として使えないのに加え、エネルギー密度が低いので大量の自然破壊を伴う。実際に、日本でも最近はメガソーラー発電所の自然破壊とそれに伴う災害が深刻になっている。それを「自然にやさしい」としてきた環境科学者のウソは糾弾されてしかるべきだろう。

では、環境科学において、新型コロナウイルス問題におけるジェイミー・メッツルのように公平な人物はいるだろうか。私が個人的に知る燃料電池の専門家に非常に良心的な人がいる（以後、この専門家を「A先生」と記載する）。今は何でも「環境にやさしい技術」と言えば研究費がとりやすい。多くの科学者にとって「環境科学」はおいしいテーマである。しかし、周りの研究者が「燃料電池は環境にやさしい」と言って研究費を確保しているにもかかわらず、A先生自身はそう主張していない。ウソをつきたくないからだそうである。

私も恥ずかしながら、A先生と話すまでは燃料電池は環境にやさしいと思っていた。さすがに理系の人間であるので「燃料電池は二酸化炭素を出さない」とは考えない。たしかに水素と酸素を反応させれば水しか出ないが、一般的に水素はメタンガスなどから生成するので、その過程で二酸化炭素が出る（もちろん、原子力発電で作った電気で水を電気分解するなら二酸化炭素は出ない）。これは化学を習ったことのある人にとっては常識である。消費する場所のすぐ近くで電気を作れば送電ロスがないというのが私の理解であった。

しかし、A先生によると、送電ロスは高電圧で送れば微々たる量である一方、発電効率は大型の発電所のほうが家庭用の燃料電池よりも高いので、コジェネレーション（発電時に発生する熱を利用）も考慮してようやくトントンぐらいだと正直に話してくれた。そこで、A先生に「ではなぜ燃料電池を研究するのですか」と尋ねると、非常用電源としての価値が非常に高いからということであった。それでも、「環境にやさしい」と言ったほうが研究費をとりやすいので、多くの研究者はウソだとわかっていても予算申請のときはそう書くのだとA先生に教えていただいた。それが「環境科学」の実態なのである。

ウソの誘惑に負ける科学者の傾向

ここで多くの読者に興味があると思われるのは、ジェイミー・メッツルやA先生のような正直な研究者と、地位や研究費、さらには自らの政治信条のためにウソをつく研究者を見分けるには、どうすればよいかであろう。実は、この点について私は一つの傾向を見出している。それは、複数の研究分野を股にかけている研究者のほうが正直で、研究分野が一つに限定されている人ほどウソをよくつくという傾向である。実際、A先生は燃料電池以外の研究もしており、所属学会も幅広い。筆者自身も、バーチャルリアリティから医療画像、自然言語処理などの人工知能分野まで幅広く研究しており、所属学会も非常に多い。そういう場合、一つの学会と心中する必要がないので、それぞれの学会に対して不利なことも比較的自由に発言することができる。ところが、専門が非常に狭い範囲に限定されると、その学会の社会的評価の高低によって、自らの学者生命が大きく左右される。その場合、科学的真理を犠牲にして学会を守るためにウソをつくことへの誘惑に負けやすくなる。

新型コロナウイルスの起源についても、もしこのウイルスが研究所起源となれば、ウイルス学者は今後の研究活動を大幅に制限される可能性が高い。だから、ウイルス学だけを専門にしている学者にこの問題について正直さを求めることは、端から無理なのである。

かつては、地震学者たちが、学問が進歩すれば地震予知ができるようになると口を揃えてウソをついて、莫大な公的研究費を受け続けたという事例もある。環境科学にもそれと同じことが当てはまる。

これからの科学界に必要なのは、複数の専門分野でマルチに活躍する研究者たちである。そういう人の割合を増やしていかないと、今後も科学的真理よりも学会の生き残りを優先するという今の科学界の悪習を変えることはできないであろう。■

第四章

国民を幸せにしない脱炭素政策

日本経済の屋台骨「自動車産業」を脅かす〝自壊的〟脱炭素政策の愚

加藤康子（元内閣官房参与、評論家）

脱炭素は、今までのどの政策よりも日本の経済と産業構造に決定的な打撃を与える政策である。舵取りを誤ると日本は長年培ってきた工業立国の土台を失い、多くの失業者を抱えることになる。

明治の日本にはお金がなかったが「工業を興す」という国家目標があり、その実現のために世界から人材を迎え入れる器をつくり、人を育て、産業を興し、憲法をつくり、わずか半世紀で工業立国の土台を築いた。昭和には所得倍増計画という大きな目標があり、真っ黒になって働いた市民の手があった。その手は工場、職場、家庭で、わが国の繁栄を支えた原動力であった。

令和の日本にも、1億2500万人の国民を豊かにし、国を強くする国家目標と戦略が必要である。だが政府が重要政策に位置づけているのは、経済政策ではなく、地球環境政策である。昨年（2020年）10月26日、菅義偉総理は所信表明演説で、国内の温室効果ガスの排出を2050年までに「実質ゼロ」とする方針を表明し、世間を驚かせた。いまやこのグリーン政策が菅政権の看板政策となっている。空気をきれいにすることに誰も異論はないが、東京の空はきれいである。

国益である製造業の後退

2020年の国内総生産を見ると、全体で536兆円の日本経済は、その20％以上が製造業によって支えられている。製造業は国力そのものであり、国家安全保障の源である。屋台骨を支える製造業が弱くなれば国力は弱くなり、骨太になれば、国は豊かになる。だが菅総理の施政方針演説には、グリーンやデジタル、そして農業と観光は出てきても、製造業が出てこない。政府は国民経済を支える人たちを置き去りにしている。それどころか、環境NGOが言うような急進的な地球環境政策を国策にすることで、日本のメーカーが涙ぐましい努力で培ってきた基幹産業を自らの手で壊そうとしている。

この20年、日本のものづくりは明らかに後退している。1980年代に世界を席巻していた日本の半導体メーカーは周回遅れとなり、造船業は受注をとれず、一世を風靡した日の丸家電メーカーの姿もない。イギリスの民間調査機関である経済ビジネスリサーチセンター（CEBR）は、日本経済が2030年までにインドに抜かれ4位になり、その後、日本はさらに7位か8位に転落する、と予測している。製造業競争力を表わすCIP指数では、日本はすでに韓国に追い抜かれている。

ものづくり力の劣化は企業の経営責任にとどまらず、政治に責任がある。諸外国が産業を守り、官民一体で新技術を支援するなかで、日本政府は産業支援には及び腰だ。近年、日本の製造業は、世界一高い電力料金と厳しい環境規制、膨れ上がる人件費や社会保障費と労働規制の制約のなかで懸命に闘っている。中国・韓国に限らず、欧米各国が国として戦略的に重要な産業に巨額の資金を投じるなかで、日本だけが本気で国力の増強に向き合う意志がないことが、国民にとって未来に自信がもてない理由の一つとなっている。失われた30年、日本は常に萎縮をしてきた。

日本の技術が「中国製造2025」を後押し

一方、習近平国家主席率いる中国には、明確な国家目標と戦略がある。中国は建国100年にあたる2049年までに「中華民族の偉大なる復興」を成し遂げ、経済・軍事ともに世界の覇権を握る国家目標を掲げる「中国製造2025」を発表した。そのなかで「強い製造業なしには、国家と民族の繁栄も存在し得ない」と、製造業を国家安全保障の礎に位置づけた。中国は明治日本の殖産興業政策をモデルに、ハイテク分野に集約し産業を支援する政策を実施している。とくにハイテク製品の70%を中国製にし、製造業を質の面でも向上させ、競争力のある製造業で強国を打ち立てる計画だ。そしてそのために日本企業や有能な人材を次々と誘致している。2018年10月4日、米国のペンス副大統領(当時)は、「『中国製造2025』計画を通じて中国共産党は、世界の最も先進的な産業の90%を支配することを目標としている」と警鐘を鳴らした。

ちなみに、日本が外貨を稼いでいる輸出品のトップテン(2019年)は上位より自動車、半導体等電子部品、自動車部品、鉄鋼、原動機、半導体等製造装置、プラスチック、科学光学機器、有機化合物、電気回路機器である。1位が自動車で15・6%であり、自動車部品を入れると全体の20％を占める。自動車産業は70兆円規模の総合産業であり、部品、素材、組立、販売、整備、物流、交通、金融など、経済波及効果はその２・５倍である。脱炭素のパラダイムシフトのなかで、これらの産業が中国に生産拠点をシフトしていけば、中国はこれらの産業において覇権を握り、日本経済の中国化を後押しする。中国が国家戦略のなかで重要視している自動車産業、半導体、鉄の新素材などは、いずれも日本に技術があり、これらの生産技術の獲得が中国の国家戦略の中心にある。

小泉進次郎氏は２０１９年に環境大臣として、国連気候行動サミットに出席し、「気候変動のような大きな問題は楽しく、クールで、セクシーに取り組むべきだ」と発言しメディアを沸かせた。しかし自動車工場の現場で額に汗して働く人たちにとっては、これはもちろんクールでセクシーな話ではなく、「脱炭素」という経済戦争のなかで雇用と未来の生活がかかった死活問題である。前述のとおり、日本国経済はトヨタをはじめとする自動車産業によってその屋台骨を支えられているといっても過言ではない。世界で一番厳しい環境規制のなかで自動車を製造してきた日本の工場が、彼らの努力を適正に評価されず、行き場を失い、国を出ていったら、日本の地方経済は成り立たない。ひとたび海外に出ていくと、日本にその製造拠点を戻すことは容易ではない。

私は大学時代より企業城下町の調査をライフワークとして、毎年、鉱山や製鉄所、自動車組み立て工場、部品工場、造船所など世界のさまざまな製造の現場を訪れてきた。だが以前は栄えていた企業城下町で、企業が撤退し、崩壊していくのも目の当たりにしている。町工場の機械音が、作業着を着た工場の人たちの知恵や営みが、私たちの現在の生活を支えていることを忘れてはならない。

ガソリン車の販売禁止なら最大100万人の雇用減

2021年4月22～23日に開催された国連気候サミットで、菅総理は2030年度温室効果ガスの排出量を2013年度から46％削減することを宣言し、これまでの目標を20ポイントも引き上げた。米国バイデン政権が引き上げた50～52％に合わせて数字を調整したようだ。欧州もおおむね半減すると答えたが、オーストラリアなど回答を保留した国もあり、足並みはそろっていない。脱炭素政策の目玉といわれているのが、再生可能エネルギーと電気自動車（ＥＶ）である。その旗振り役を担っているのが、小泉進次郎環境大臣である。

小泉進次郎環境相はカーボンニュートラルの目標達成のために、ガソリン車の国内新車販売を事実上禁止する議論を展開している。現在環境省と経済産業省では、46%の二酸化炭素削減目標のうち、2%をEVの普及により実現しようと検討中である。小泉大臣は記者会見で「30年代半ばという表現は国際社会では通用しない。半ばと言うなら35年とすべきだ」と述べ、販売禁止の時期を示した。

一方、トヨタ自動車の豊田章男社長は日本自動車工業会（自工会）会長として行った3月11日の記者会見で、「このままでは、最大で100万人の雇用と、15兆円もの貿易黒字が失われることになりかねない」と警鐘を鳴らした。自動車の設計、部品の製造、組み立てから販売まで自動車関連業界で働く約550万人のうち、70万～100万人が職を失うことになりかねないというわけだ。

私はこの発言を非常に深刻に受け止めている。ガソリン車の販売を閉じることは日本経済を直撃し、雇用に影響する。EV車になれば部品の数も圧倒的に少なくなる。内燃機関とトランスミッションが、バッテリーとモーターに変わると、コストの大半はリチウムイオン電池となり、国内で電池を製造できればよいが、原材料を中国に握られている。そのうえ、もし中国製のバッテリー頼みになるようなことになれば、日本の自動車産業は中国にその心臓部を牛耳られることになる。ＥＶ車のリチウムイオン電池は自動車のコストの4割近くを占めている。

"環境優等生"ハイブリッド車をアピールしない政府

小泉大臣は〈ＥＶの話をするると、よく雇用についての悲観論を耳にしますが、それは一面的な見方にすぎません。ビジネスモデルを変えれば、当然、そこには新たな雇用が生まれる。これまでの雇用を失うことを恐れるあまり、既存のビジネスモデルを守ろうとするばかりでは、世界から取り残されてしまいます〉（『文藝春秋』２０２1年4月号）と語るが、果たして本当にそうだろうか？　日本の自動車メーカー、ホンダは政府の掛け声に応え２０３０年に向けＥＶシフトを宣言したが、雇用への影響はさけられなかった。この8月、社員の約5％に当たる２０００人を超える社員が早期退職に応募した。四輪車向けのエンジンやトランスミッションを製造している栃木県真岡市のホンダ工場も、２０２5年末までの閉鎖が決まった。真岡市の工場には約９００人の従業員が勤め、市内の協力会社は20社に上り、雇用不安が広がっている。

自動車工業会の豊田章男会長は4月22日の自工会の記者会見で、「最初からガソリン車やディーゼル車を禁止するような政策は、技術の選択肢をみずから狭め、日本の強みを失うことになりかねない。今、日本がやるべきことは技術の選択肢を増やすことであり、規制、法制化はその次だ。政策決定では、この順番が逆にならないようにお願いしたい」と述べ、内燃機関を活かすエコな燃料や水素燃焼エンジンに取り組んでいることを明かした。

日本の自動車産業は世界において圧倒的優位をもつ数少ない産業である。欧米の自動車産業は日本の内燃機関の性能に勝てない。そのパワーバランスを変えるゲームチェンジのために、欧州連合（EU）と中国による戦略的EV化が出てきた。ある意味、日本の自動車産業潰しでもある。これに対して日本が国益を守るのか、それとも、EUと中国の策略のゲームに乗って日本の自動車産業の弱体化に手を貸すのか、一つの岐路に立たされている。

日本の自動車メーカーは厳しい環境規制をクリアする優れた内燃機関を開発してきた。だからこそ世界の市場で支持されている。にもかかわらず、なぜ環境に貢献をしてきたハイブリッド車や、厳しい燃費規制をクリアしてきた功績を、世界にアピールしないのか疑問だ。

ＥＶが普及しない理由

日本の自動車産業の就業人口は、全就業者人口（６５００万人程度）の約１割で、コロナ禍において96万人の雇用が失われるなかで、唯一11万人の雇用を増やしている。また、日本の租税総収入約１００兆円のうち、自動車関連会社、自動車ユーザーによる納税額を合わせると少なくとも15兆円は上回り、事実上日本の基幹産業である。日本の貿易収支は自動車産業の輸出と連動する。

クルマを選ぶのはユーザーである。現在年間４６５万台の新車が国内で販売されているが、ＥＶ車は１％に満たない。第一にＥＶ普及はインフラ整備と一体である。一軒家に住んでいる人なら、駐車場を工事して充電設備を設置することができるが、マンションやアパートなど集合住宅の場合は、市内の充電設備を利用する必要がある。政府がＥＶ化に舵を切るのなら、まずはＥＶのインフラの整備が最初だろう。次に日本は災害大国であり、寒冷地や雪国には不向きである。大雪で立ち往生した場合、ＥＶだとレッカー車で移動させる以外にない。三番目に価格の問題がある。ＥＶ車は高い。日本の道路の83％は軽自動車でなければすれ違うことができない道であり、軽自動車の販売は１８０万台に上る。農作業で使われている軽トラは70万円台で購入できるが、馬力があり、田んぼでも、オフロードでも活躍する国民車である。ハイブリッドになればこれが20万〜30万円高くなり、EV車になればさらに100万円上がる。軽自動車を購入する人にそれだけの金額を払う余裕があるだろうか。まして電池の軽トラでは、オフロードや田んぼの農作業には危なくって使えない。

日本のCO_2排出量は世界のわずか3%

そもそも地球温暖化が世界的に注目されるようになったのは、スウェーデンの少女グレタ・トゥーンベリさんが温暖化への激しい怒りをぶつけたスピーチが国連で話題となり、地球の温度が上昇することで起こる異常気象が人類の緊急課題として注目を集めたことに端を発する。地球温暖化を抑制するための温室効果ガス（大半が二酸化炭素）を世界的に減らす取組みが気候変動枠組条約締約国会議（ＣＯＰ）で議論されてはきたが、気温の変化と二酸化炭素との因果関係を示す厳密な科学的根拠は学術的に確立されたものではない。マスコミは地球温暖化への危機感を煽っているが、気候の先行きについても、国際エネルギー機関（ＩＥＡ）は別の未来を描いていると異を唱える学者も多い。

二酸化炭素の削減は、主には中国の課題である。日本の製造業はすでに世界一環境にやさしい。世界の二酸化炭素排出量の3割は中国で続いて米国、ぐっと水を開けてインド、ロシア、日本と続く。日本の排出量は世界のわずか3％であるが、中国は２０２５年までに現在の排出量を10％増やす計画で、増やす分が日本の年間排出量に匹敵する。つまるところ、中国が協力をしなければこの問題は解決できない。

しかし、中国は途上国のリーダーであると自認し「途上国は経済開発の権利がある」とする。習近平国家主席が「２０６０年までに二酸化炭素排出量を実質ゼロにする」と宣言した一方で、日本は世界の石炭火力発電所支援から撤退しているが、中国は逆に石炭火力発電所を次々と建設。世界シェアの4分の3を受注し、また新しく発表された２０２０年の全石炭火力発電の80％以上を中国が占めた。中国は国家目標である「中国製造２０２５」を優先し、製造業のための電力確保に向け、準備をしている。

２０２１年6月のＧ7サミットに先立つ4月の米中の共同声明で中国は「産業と電力を脱炭素化するための政策、措置、技術をともに追求する」としたが、国際社会の枠組みのなかで中国にルールを守らせることは難しく、誰も中国を監視することも縛ることもできないのが現実である。

「おぼろげながら浮かんできた」削減目標46％の空虚

日本が2030年までの削減目標とする46％の根拠は曖昧である。今年（2021年）4月23日、小泉大臣はTBSの『NEWS23』に出演し、小川彩佳アナウンサーに根拠について聞かれ、両手で〝浮かび上がる〟輪郭を描きながら次のように説明した。

〈小泉大臣　くっきりとした姿が見えている訳ではないけれど、おぼろげながら浮かんできたんです。46という数字が。

小川　浮かんできた？

小泉大臣　シルエットが浮かんできたんです〉

天のお告げでもあったかのような不思議な受け答えは批判を浴びたが、積み上げた数字ではないので根拠を答えられるはずがない。東大大学院特任教授で以前は経済産業省で気候変動交渉に携わった有馬純氏は、「26％の数字だって、全部原発再稼働を前提にしたギリギリの数字だよ。これに20ポイント以上も上乗せするなんてどう考えてもできない」と語る。現在日本には36基の原発があるが、再稼働しているのはたった10基である。２０１７年に経済産業省がまとめた「長期地球温暖化対策プラットフォーム報告書　我が国の地球温暖化対策の進むべき方向」には、２０５０年までに温室効果ガスを80％削減すれば、「国内には農林水産業と２～３の産業しか残らない」という見解が示されている。菅首相が排出実質ゼロを宣言した今となっては、国内で農業ですら産業活動を維持できるのか不安である。

必達ゴールではないパリ協定の目標数値

もとより、パリ協定に強制力はない。各国の二酸化炭素削減目標は現実の技術の到達とは関係なく、目標は掛け声として加速する傾向で、未達でも何らペナルティや拘束力はなく、各国政府の任意に任されている。したがってどの国も目標を必達ゴールとは考えておらず、日本も同様にできもしない目標に真面目に取り組むべきではない。ただ、担当官庁の役人が指導者の発した言葉に縛られ、その数値を実行しようとして、組織に人を貼りつけ、生真面目に政策や予算に計画を落とすなら、国家にとってこの数字は大きなリスクとなる。

政府がどう対応すべきかは前出『NEWS23』出演時の小泉大臣の小川アナウンサーへの答えがヒントとなっている。

〈意欲的な目標を設定したことを評価せず、一方で現実的なものを出すと「何かそれって低いね」って。だけどオリンピック目指すときに「金メダル目指します」と言って、その結果銅メダルだったときに非難しますかね〉

すなわち、この数値は「オリンピックで金メダルをとるなどといった努力目標にすぎない」と受け取れる。だが政府の方針に目標年限が記載され予算がつくと、日本は国をあげて否が応でも目標に向け前進していく。脱炭素をイノベーションのチャンスと見るのか、危機と見るのか業種によって受け止め方に差はあろう。だが産業史を見ても、政治が現実からかけ離れた実現不可能な目標を約束し、目標達成のために制度設計を誤り、規制や負荷をかけすぎると、産業経済を破壊する。

再エネの電力コスト負担が国民生活を圧迫

政府はあと9年で46％の削減目標を達成するために、国民にどれだけの負担を強いるのか何も明確にしていない。エネルギーコストが上がれば、誰がそのコストを負担するのか？　ほかならぬ国民が支払うのである。日本は東日本大震災以降、原子力発電所の再稼働はままならず、電力の75％を火力発電に依存している。太陽光や風力などをいくら主電源化しようと、再エネは発電量が不安定なため、結局、安定供給できる別電源が必要になる。

日本は温暖化防止のために、大型の「温暖化対策予算」を組み、２０３０年までに１００兆円超を使うといわれている。その半分以上が再生可能エネルギー発電促進賦課金として、太陽光発電や風力発電などの再生エネルギー普及促進のために、各家庭から電気代の一部として徴収されている。そもそも再エネは１kWhあたりのコストが高く、経済性が悪い。にもかかわらず、小泉大臣は脱炭素化のために太陽光パネルの住宅への義務化を提唱している。現在、私たちが支払う電力料金の25％が再エネの賦課金のコストである。

電力料金が上がれば、中小企業や基幹産業の経営を圧迫し、新興国との激しい価格競争に耐えられない多くの産業が潰れるであろう。家庭の経済にも、もちろんしわ寄せがくる。日本政府は東日本大震災以降、コスト効率のよい原発の再稼働にも、新規原発の開発にも及び腰になっている。日本のある製鉄所の月の電気代の請求書を見せてもらうことがあったが、約8億円であった。そのうち、再エネ賦課金が25％、原発が休止して値上がりした分が25％である。原発が稼働しなくなってから、その製鉄所では夜間操業により電気代を節約してきたという。

一方中国では、2021年1月現在で48基の原子力発電所が稼働している。さらに現在45の新たな原発を建設・計画中である。先にも述べたように中国政府は国家目標である「中国製造2025」を優先し、製造業のための安価な産業用電力確保に向け取り組んでいる。他方、日本の電力は世界一高い。ドイツにおいても、家庭用電力は㎾h当たり40円であるが、鉄鋼などの電力多消費産業の産業用電力は、国内企業を保護するために減免も加えられ㎾h当たり6円に抑えられている。日本の産業用電力価格については㎾h当たり18円で、現在でもドイツの約3倍である。ただでさえ高い電力料金がさらに上がれば、日本の産業はコストを下げるために日本をあとにしなければならない。出ていく先は、環境にやさしくなく、電力料金の安い中国である。

なぜこのような「愚策」に舵を切ったのか？

なぜ突如として菅政権は、脱炭素政策に舵を切ったのだろうか？　関係筋は、テスラの社外取締役で国連特使のM氏という人物が政策決定に大きな影響を与えたと指摘している。M氏は以前に、年金積立金管理運用独立行政法人（GPIF）で年金運用についてのガイドラインをつくり、これによって多額の年金が環境関連の株に流れているともいわれている。

M氏は、「現在トヨタの時価総額は20兆円に対しテスラは40兆円、日本の自動車メーカー9社の時価を合わせてもテスラに及ばず」とEVへの期待が株価に表われていることに触れ、「安倍総理はパリ協定長期戦略の会議や未来投資会議でも何度も環境対応はもはや企業にとってコストではなく成長機会と発言されたが（人類最大の危機の一つであるから、裏返せば人類最大のビジネスチャンス）、実際の政策には落とし込まれず、骨太などでもほとんど言及されなかった（かろうじてESGとSDGsが入っているが具体的な目標も予算もなし）」と環境問題に及び腰であった前政権の方針を批判。そのうえで、中国が2060年にネットゼロを表明したことで、「日本が中国より10年早い目標を立てるのはまったく不可能ではなく、しかも表明した瞬間に国連や国際社会で菅総理の名前が知られることになる」と口説き落としたといわれている。

そして、昨年（２０２０年）10月に菅総理が「２０５０年に実質ゼロ」宣言をしたことで、ＥＶや環境関連の株が上昇した。つまり、日本のＥＶ推進は、年金運用を念頭にした、投資目的の政策ともいえるのではないだろうか。

中国製ＥＶの輸入を嬉々として伝えるメディア

脱炭素政策の紛れもない勝者は中国であろう。

ＥＶが中心になれば、中国はバッテリーならびに新エネ車において、世界制覇をもくろむ自動車強国の野望を実現することができる。

中国車はブランド力がなく、世界の市場ではなかなか販売が伸びない。だが、中国製のバッテリー、中国製の部品、中国製の鋼板が世界のメーカーに使われ始めている。新エネ車も日本の市場に脱炭素とともに輸入が始まる。「佐川急便が中国産ＥＶ７２００台を輸入し使用中の宅配用軽自動車におきかえる」（『読売新聞』２０２１年4月13日付）という。優れた日本の自動車ではなく、あえて中国産のまだ量産もしていないＥＶ車を購入することが嬉々として報じられているが、中国でＥＶの発火事故は多く、普通ならば「荷物が燃えるのではないか？」と危惧をするところである。この件には中国メーカーの自動車の輸入で儲けようとする日本の総合商社の影もちらつく。データ管理も中国で行うそうだが、国家安全保障上のリスクの懸念が取りざたされるなかで、時代と逆行してはいないか。この記事では、脱炭素を実行した場合のコストや経済に与える影響については、一言も触れていない。さらに、公的予算で中国から電気バスを購入した自治体もある。中国でバスが燃える映像はよく見かけるが、中国の商品の安全性について日本のメディアは甘いのである。

人権よりグリーン重視の日本政府

さらに、再エネの主力は太陽光パネルであるが、現在これに使用されるポリシリコンの約8割が中国産であり、世界生産の約5割が新疆ウイグル自治区でつくられている。政府の再エネ支援は、実は中国支援にほかならないのだ。G7においてサミット参加国は、「新疆を含む強制労働に反対するために団結し、グローバルなサプライチェーンが強制労働の使用から解放されること」を約束した。日本の政治家は中国の人権問題には無関心で、国会で中国の人権侵害を非難する決議さえできないが、世界はこれを許さない。

バイデン政権は、「国土安全保障省の税関・国境警備局、商務省、労働省による行動を通じて、強制労働に従事させる者に責任を負わせ、強制労働で製造された商品をサプライチェーンから排除し続けるための追加措置を講じていく」と明言し、同盟国にもアクションを求めている。現在、米国商務省のエンティティリスト（国家安全保障や外交政策上の懸念があると指定した企業のリスト）に掲載されている太陽光パネルのメーカーは、Hoshine Silicon Industry（Shanshan）他4社であるが、2021年7月13日に発表された米国政府の諮問機関の文書では、ウイグルのサプライチェーンにかかわると、「米国の法律に違反する高いリスク」を伴うと指摘し、人権侵害に加担した企業だけではなく、融資した金融機関も制裁対象になる。かたや小泉大臣は「ジェノサイド」認定されたウイグルの強制労働により生産された太陽光パネルについて質問されると、「情報収集をしっかりやりたい」と語るのみ。人権よりグリーンを重視するようだ。

日本は環境社会主義へ向かう

経済産業省は今年8月5日、温室効果ガス排出に価格をつけるカーボンプライシングに関する有識者会議を開いた。気候変動対策を先駆的に行う企業群で構成する「カーボンニュートラル・トップリーグ（仮称）」を創設する施策が提示された。排出権取引を行う枠組みや参加企業が主導する新たな取引市場の創設が中間整理案に盛り込まれた。誰がどのような基準でこの市場を運営するのかわからないが、市場が生まれればまた運営に携わる特定の利害関係者が出てくる。2030年時点での排出量の目標と削減計画を策定し、国は企業の目標設定が甘くならないようにガイドラインを提示するそうだ。これにより、ただでさえ厳しい環境規制のなかで、国はますます厳しい規制をかけ、企業の経営を圧迫するだろう。二酸化炭素の削減実績を国が承認する仕組みとし、これをESG投資の呼び込みや企業ブランドなど経営メリットにつなげる狙いだ。国は二酸化炭素削減を基準に投資を誘導する環境社会主義に向かおうとしている。

証券会社は各社、グリーンやESG投資で投資家から資金を集めているが、このESGのSはSocialのSで人権も含んでいる。しかし、経済産業省の環境関連の部署に尋ねたところ、人権は含まれずグリーンだけの理解だそうだ。強制労働を見て見ぬふりをするESGは欺瞞である。ちなみに国民の多額の年金もまたGPIFを通じてグリーンという基準で、中国、韓国を含む外国株へ投資が組み込まれ運用されているようだ。巨額の年金が海外の企業の育成に使われることがわが国の未来を豊かにするとは思えない。

小泉大臣も雑誌のインタビューで、こう「本音」を語っている。

〈今後世界中で投資が継続的に増える分野は脱炭素の市場以外にはないと思います〉（『中央公論』2021年3月号）

投資や投機で国の経済は運営できない。そのために日本経済の屋台骨である自動車産業を犠牲にするようなことがあっていいのだろうか。EVによって、日本の自動車産業を失えば、年金どころの話では済まなくなる。EVが栄えても、国が滅んでしまえば、元も子もない。

中国を「経済大国」にしたのは日本の投資と技術

昨今の中国の経済成長には目を見張るものがあり、巨大市場の優位性も加わり、日本企業はインフラやサプライチェーンが構築された中国市場に次々にとりこまれている。日本経済新聞社の2021年1月の世論調査では、中国を「脅威と感じる」（56%）と「どちらかといえば脅威と感じる」(30％)の合計は86％で、北朝鮮の82％を上回っている。国民の大半が中国を脅威だと感じる一方で、日本政府は中国が大好きである。米中対立のなかでもデカップリングに舵は切れず、かつては日中友好の美名の下に、そして今度は脱炭素の美名の下に、日本経済の中国化を推進し、産業技術の中国への流出に企業の背中を押している。

ここに、現在の強い中国をつくったのはほかならぬ日本であることを示す指標がある(次ページグラフ参照)。日本は戦後も、そして1999年以降はとくに、中国に惜しみない投資を行ってきた。1989年の天安門事件以降、疲弊した中国経済は、小渕恵三内閣の「親中政策」をきっかけに日本からの大きな投資を増やし、その投資を基礎に大きくGDPを伸ばしていった。小渕首相は1998年11月に来日した江沢民国家主席との間で「日中共同宣言」を発表し、その中で「長期安定的な経済貿易協力関係を打ち立て、ハイテク、情報、環境保護、農業、インフラ等の分野での協力をさらに拡大する」ことで一致し、日本側は「中国の経済開発に対し協力と支援を行っていく」との方針を表明した。そしてアジア通貨危機の後、中国の国内総生産(GDP)も右肩上がりに伸びている。

中国を「経済大国」にしたのは、日本の投資や技術移転と技術支援である。日本の多額

グラフ1　日中名目GDP及び対外・対内直接投資比較

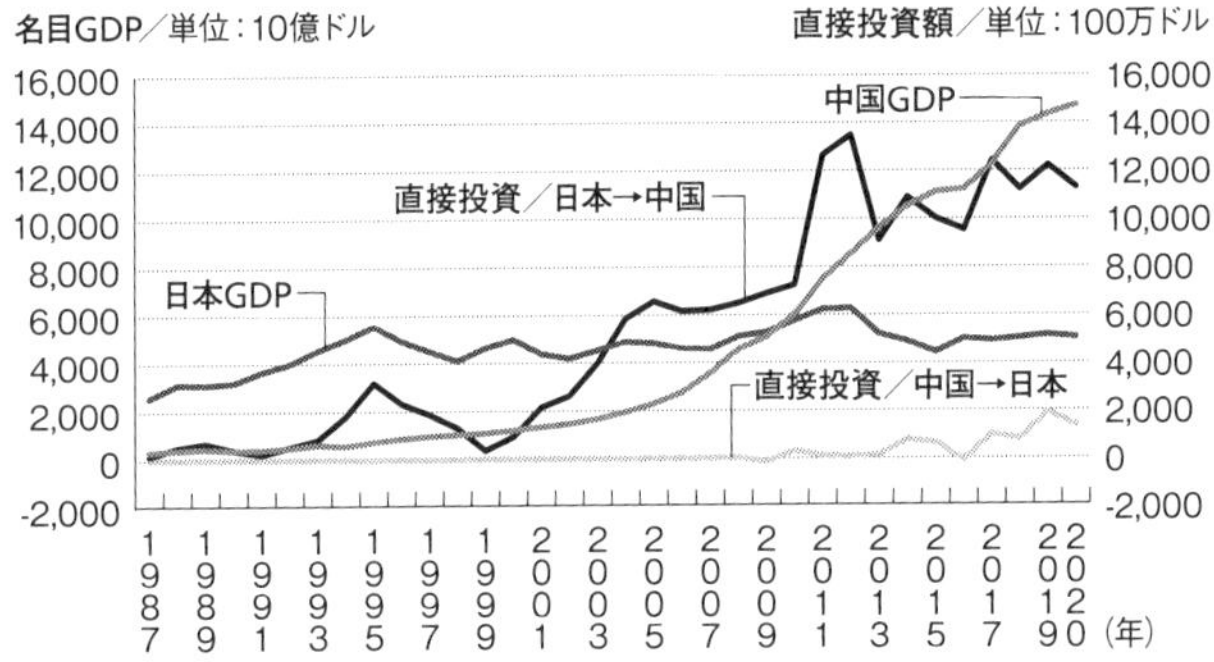

出典：名目GDP＝IMF　直接投資＝JETRO
作成：産業遺産国民会議

の富が中国に流れた成果といっても過言ではないだろう。日本政府の対中政府開発援助（ODA）は、中国で改革開放政策が始まった1979年以降、円借款、無償資金協力、技術協力の形で約40年間に約3兆6500億円あまりが拠出され、鉄道、港湾、発電所など中国のインフラ整備に貢献した。なかでも、山崎豊子の小説『大地の子』の舞台ともなった上海宝山製鉄所は日本製鉄の全面的協力の下で建設され、中国の主力製鉄所となったことはよく知られている。

その仕上げが、先に挙げた「中国製造2025」なのである。量から質への転換を図るため、中国は国家目標を達成するための技術人材の獲得に投資を惜しまなかった。2008年に策定された千人計画（海外ハイレベル人材招致計画）には、「中国製造

２０２５」の重点分野において日本人研究者が多数参加していたが、彼らは中国を強国にした戦略の一助となった。

グローバリストであることを優先し、国益を譲る日本

現在、脱炭素に反対の声を上げる人は少数である。国民こぞって、地球環境のために、次々と富の源泉である産業の鎧をはいでいく。問題はメディアの報道にある。大メディアは日本経済新聞を中心に毎日、「○○企業が脱炭素」「○○インフラが脱炭素」と脱炭素のオンパレードである。脱炭素政策が雇用を奪い国力を減じる可能性については誰一人として触れず、これが世界の潮流であり、世界経済は脱炭素に向かうという前提の議論しか見られない。米国の新聞では、脱炭素政策を実行していく際の国家安全保障上のリスクについて、大いに議論されているが、日本ではそのことに触れることすらタブーとされている。

企業は脱炭素を公言しないと金融機関の融資もついてこないので、自社の脱炭素の取り組みをメディアに発表する。現実生活へ落とし込んだ国民的議論は棚上げされ、大本営に右へ倣えと礼賛する。脱炭素の与える経済への打撃、コストやマイナス面について議論さ

えしない大政翼賛型の脱炭素礼賛報道は、さながら第二次世界大戦前に、ドイツの勝利を信じて突き進んでいった大日本帝国のようではないか。

なぜ日本政府は脱炭素のような地に足のついていない政策に飛びつき、国の重要産業という国益を守れないのかという率直な疑問が湧いてくるが、その背景には、日本の政治家が「グローバリストでなければ国際社会の市民権を得られない」と思っていることがある。諸外国が自国の国益を優先しているのにもかかわらず、日本だけが国益を譲り、ジャパン・ファーストの政策をとらない。国際的枠組みでは中国を縛ることができないことを知りながら、国際的枠組みを好み、諸外国の善意を信じている。自由貿易を信奉し、国の重要産業に必要な支援をしないのである。産業革命期においては、イノベーションのために、迅速な意思決定と多くの資金が必要となってくるのにもかかわらず、だ。

国民の77%が「将来に不安を感じる」

明治維新より150年の歳月を経て、わが国は世界経済の一翼を担い、米国、中国に次ぎ世界第三の経済大国となった。だが日本労働組合総連合会（連合）が行った2017年の調査では、「将来に不安を感じることはあるか？」という問いに77％の労働者が「日本の将来に不安を抱いている」と回答した。国がどんどん貧しくなっていくという予想に、暗澹たる気持ちであるが、悲観論にため息をついている場合ではない。忘れるなかれ、幕末、工業化が遅れていた日本が維新を成し遂げ、工業立国の土台を築いていったとき、人口はわずか3300万人である。当時に比べれば日本の経済条件は恵まれており、未来予測を逆転するためにできることはたくさんある。

　少子高齢化の日本が、明治以来培ってきた日本の経済基盤が中国にのまれていく潮流を看過できるのか。傍観者は加害者と同じである。私たちは国家と国民の繁栄のために、国の屋台骨を支える製造業が国内でものづくりを続けられ、雇用を守り、第四次産業革命の波を乗り切ることができるよう全力で立ち向かうべきではないか。■

問題山積の「水素エネルギー」を妄信

政府が推進する水素政策のナンセンス

松田 智（元静岡大学工学部教員）

最近よく目にするテレビCMに、大手石油会社の「ゴリラに水素（H_2）の効用を教える」ものがある。いわく「水素は燃やしても二酸化炭素（CO_2）を出さない、クリーンなエネルギーなのよ」、と。他にも新聞雑誌等で「CO_2を排出しない次世代のエネルギーとして期待される水素」「水素は脱炭素の切り札」等の言葉が躍り、今回の東京五輪では水素で動く燃料電池バスが選手役員等を運んだ（聖火の燃料も水素だと宣伝していた）。最近示された政府の計画でも、将来的に火力発電の1割を水素とアンモニアの燃焼で賄うとなっている。

水素の利点として、①燃やしてもCO_2を出さない、②いろんなものから作ることができる（原料の多様性）、③貯蔵が効く、の3点が主に挙げられる。このこと自体は、そのとおりである。ウソはない。しかし、これらは物事の一面にすぎない。水素は本当に「脱炭素社会構築の切り札」なのだろうか？　実は、これから述べるように、水素には克服すべき問題点が山積している。にもかかわらず、水素礼賛マスコミ記事の大半は、水素が抱えている問題点にほとんど触れていないのである。

一次エネルギーと二次エネルギー

まず最初に、エネルギー問題を考えるうえで必須の基礎知識に触れたい。それは、エネルギーには一次と二次（またはそれ以上）の2種類があり、まったく違うものであるということ。一次エネルギーは大別して3種類あり、化石燃料（石油・石炭・天然ガスなど）と原子力、それに自然エネルギー（水力・風力・太陽光・地熱その他）である。これらは直接的なエネルギー「源」である。エネルギーの統計を見ても、供給源としては、この3種類しか出てこない。なお、現在の日本では、一次エネルギー供給量の9割近くが化石燃料であることは押さえておこう。

これに対し二次エネルギーは、一次エネルギーを加工して得られるもので、具体的には電力、石油製品（ガソリン、軽油、灯油など）、都市ガス（天然ガスまたは石炭から製造）などである。水素もこの部類に属する。これらはすべて天然資源としては産出されず、一次エネルギーを原料として生産される「工業製品」に近い。すなわち、「一次」はエネルギー「源」であるのに対し、二次以下は「媒体（運び屋）」である点が、根本的に違う。

水素は二次エネルギーであり、決してエネルギー「源」ではないことを、最初に確認しておきたい。実は多くのマスコミ記事で、この区別ができておらず、水素をあたかもエネルギー「源」であるかのように扱うものが多数見られるが、完全なる誤解である。この区別もつかないような執筆者・論者には、エネルギー問題を議論する資格はない。

水素を何から得るのか？

その1：水蒸気改質による方法

水素は二次エネルギーなので、「何からどのようにして得るのか？」は常に本質的に重要な問題である。電力がさまざまな方法で得られるのと同様、水素も種々の方法で入手できる。たしかに、水素はいろんなものから作ることができる（原料の多様性）。しかし現実的な選択肢としては、天然ガス（の中のメタン：炭化水素）か水（電気分解か熱分解）しかない。実際、政府の水素供給計画でも、この2種類だけが検討の対象になっている。

現在、最も安価に水素を得る方法は、天然ガス中のメタン（CH_4、一般には炭化水素。石油・石炭などでも可能）を「水蒸気改質」という方法で処理するものである。化学が苦手な方は読み飛ばしても構わないが、参考までにメタンの水蒸気改質を化学反応式で書くと以下のようになる。

$$CH_4 + H_2O \rightarrow 3H_2 + CO \quad (1)$$
$$CO + H_2O \rightarrow H_2 + CO_2 \quad (2)$$
$$+)\ CH_4 + 2H_2O \rightarrow 4H_2 + CO_2 \quad (3)$$

これらの化学式が何を表すかというと、メタン（CH_4）から水素（H_2）を得る反応は（1）と（2）の2種類があり、足すと結果的に式（3）になる。すなわち1分子のメタンと2分子の水が反応し、4分子の水素と1分子のCO_2が生成する。メタンを燃やした場合にも、炭素（C）はCO_2に変わる。つまり、メタンを水蒸気改質して水素を製造するときには、メタンを燃やしたときと同じ量のCO_2が生成する。

この例に限らず、メタンその他の炭化水素やバイオマス（木材・下水汚泥等の生物資源）など、炭素を含む物質から水素を製造する場合、含まれる炭素はほぼ必ずCO_2として排出される。その理由は、炭化水素やバイオマスを形成している炭素（C）－水素（H）結合をブチ切らないと水素（H_2）が作ることができないため、炭素（C）を何か強い酸化力で引きつけないといけないからである（その酸化剤は通常、酸素（O）が一般的。だから結果的に必ずCO_2が出てくる）。

最近マスコミ等でよく取り上げられる、豪州からの褐炭水素、UAEからの天然ガス水素、または牛糞や下水汚泥からの水素等も全部同じだ。これらはすべて、結局はメタンガスを作り、それを水蒸気改質して水素を得ているので、原理的に同じ方式であり、製造段階でメタンを燃やすのと同量のCO_2が排出されるプロセスである。

もともと水蒸気改質は、アンモニアなどの化学原料を得るための水素製造用に開発されたのであり、エネルギー媒体製造が目的ではなかった。実際、前記（1）式は吸熱反応

（エネルギーを加えないと進まない反応）であり、かつ1000℃近い高温で反応させるため、たくさんの熱エネルギーが必要で、計算すると製造される水素の保有エネルギーの約半分は、製造時に消費されてしまうことがわかる（それだけCO_2を排出してしまう）。つまり、元の天然ガスのエネルギーが約半分に目減りする。

製造時にCO_2が発生すると「脱炭素社会」の構築には役立たないということで、発生したCO_2を回収・圧縮して海底や地中深く埋めてしまうCCS（Carbon Capture and Storage）を適用することになっているが、CCSにはコストがかかり、エネルギーを消費するので、さらにCO_2排出が増えることになる。本末転倒の極みである。CCSも「脱炭素の切り札」などとマスコミでもてはやされているが、現実には、大口発生源の火力発電所でさえも実現していない。発電単価の上昇が避けられないからである。

なおマスコミ等では、天然ガスからの水素は製造時にCO_2を出すので「ブラック（またはブルー）」水素、CCSを適用した場合は効率が下がるので「グレー」水素と呼び、水から作った「グリーン」水素と区別している。むろん、この色分けが後者になるほど評価は上がるのであるが……。

その2：水を分解して水素を得る方法

最近、「グリーン水素」などともてはやされている水素がある。これは水（H_2O）を原料として水素を製造するため、製造過程でCO_2が発生しない水素を指す。その方法は主に水の電気分解であり、中学程度の化学知識でも理解可能である。電気分解以外の方法としては、高温を用いる熱分解と、太陽光と触媒を用いて光分解する方法があるが、効率その他の問題があり、事実上は電気分解のみである。たしかに水の電気分解で水素は作ることができる。しかし、電力は二次エネルギーであるから、これを用いて作る水素は「三次」エネルギーになる。作る過程で必ず目減りするので、必ず元の電力より高いエネルギーになってしまう。CO_2が出ないからといって、喜んでばかりもいられない。

とくに、水素を最も効率的に使う方法は燃料電池を用いることであるが、その産物は電力である。つまり、元の電力を再生可能エネルギー（再エネ）から得るとしても、図式的に表すと、

再エネ電力→水素→燃料電池→電力

となり、→の1段階ごとに目減りするので、これは電力の無駄遣いでしかないことがわかるだろう。言うまでもなく、元の電力をそのまま使うのが最も効率的である。また、水

の電気分解で水素を製造すると高くつくので、商業ベースで実用された例はない（石油会社などがCMで宣伝している水素は、全部、天然ガス由来）。

現実的な効率を考えると、水の電気分解（＝水素の発生）と燃料電池による発電（＝水素の消費）の各段階の実用的効率は60％程度なので、この2段階を経るとエネルギー効率は0・6×0・6＝0・36、つまり36％に落ちてしまう。水素の利点として③貯蔵が効く、を挙げたが、実際には水素を経由すると電力が64％も減ってしまう。蓄えたら64％も電力が減る蓄電池を使う人が、どこにいるだろうか？　電力貯蔵法としても、水素に利点はほとんどない。ムダの典型といわれる揚水発電でさえ、ロスは30％程度で済んでいるのである（水素の64％ロスよりよほどマシ）。

なお、水を原料とする水素製造法は、1970年代の石油危機以降、さまざまなものが考案されたが、反応速度や効率の面で実用化されたものはない。太陽光を用いて水を分解するのは、人工光合成の第一段階だが、同じ太陽光から電力を得るのなら、太陽光→水素→燃料電池→電力のルートよりも、直接的に太陽電池を用いて太陽光→電力のルートが効率的にもコスト的にも断然有利である。高温ガス炉という原子炉を用いる方法もあるが、これも水素を経由するより直接発電するほうが効率的である（高温ガス炉は現在使われている軽水炉より高くつくので、電力会社には好まれていないが、水素製造が可能との観点から見直す動きもある）。

水素を使って何をするのか？

その1：発電する

前述でも触れたが、水素を最も効率的に使う方法は、燃料電池を使って電力生産に使うことである。その効率は約60％にも達するので、燃やして燃料にする場合の最高効率42％程度よりずっと高い。しかし、燃料電池には設備コストがかかる。燃料電池にはいくつかの方式が考案されているが、いずれにせよ正極・負極・電解質からなる「セル」を多数重ね合わせる複雑な構造であって、また発電効率の高いものほど高温を必要とする傾向があり、ものによっては1000℃近い高温になる。そのため生成物は液体の水ではなく、水蒸気または熱水である。大規模発電所を燃料電池で作ろうとすると、設備費の制約が大きくなる。実際、1980年代から水素と燃料電池を使って大規模発電所を作る構想は何度も検討されてきた。しかし実際には、設備費その他の制約があって実現しなかった。

もっと手っ取り早く水素を使うには、現有の火力発電設備の燃料に水素を混入させる方法がある。マスコミの宣伝では、これにより火力発電からのCO_2排出量が減るから環境にやさしいとされているが、その水素は何から来ているのか？　先にも述べたが、天然ガスから水蒸気改質で水素を作ると、保有エネルギー量が半分になり、出るCO_2は燃やす場合と同じなので、それならば元の天然ガスを燃やすほうが断然トクである。水の電気分解で作ると、先述したように、電力→水素→（燃料電池or燃焼）→電力となって、単なる電力の無駄遣いになってしまう。要するに、水素を燃やして発電燃料に使うのは、何重にもエネルギーを無駄遣いすることなのである。

その2：燃料を作る

もう一つの水素利用ルートは、燃料を作ることである。最も有名なのは、CO_2に水素（H_2）をくっつけてメタン（CH_4）を作る「メタネーション」である。メタンは気体だが、もっと炭素（C）を多くすると炭化水素（CmHn）液体燃料ができる（注：m、nは自然数）。欧米で注目されている「e-Fuel」などがその例である。また、空中窒素と水素を反応させてアンモニア（NH_3）を作る方法もある。これらはいずれも、化学的には元の物質（CO_2やN_2）に水素（H_2）をくっつける反応（還元）なので、外からエネルギーを加えないと反応が進まない。人工的なアンモニア合成法として、工業的にはハーバー・ボッシュ法という高温高圧プロセス（数百℃・数百気圧が必要）が使われており、できたアンモニアの保有エネルギーは、原料の水素の約半分に目減りしている。

メタネーションなどは、CO_2から燃料が作れる「夢の燃料製造」との触れ込みでマスコミは囃し立てているが、先述からもわかるとおり、実質は水素（H_2）の消費であり、その水素を天然ガス（メタンが主成分）から作るのでは水素を消費して元のメタンに戻るだけであるし、電気分解で作った水素を使うのは、電力の無駄遣いでしかない。本当に、何をやっているのか訳がわからない。

また燃料であるから、結局は燃やして使うのであり、熱機関（熱を動力に換える機関。エンジンや蒸気機関など）の効率は一般に低いことも忘れてはいけない。電気モーターは、電力→動力の効率が90％台であり、燃料電池は水素→電力の効率が約60％であるのに対し、自動車エンジンの効率は10〜20％以下、最新鋭の大型火力発電でも42％程度である。水素を原料とした燃料を燃やすのは、いずれにせよエネルギー損失が大きく、もったいない方法といえる。CO_2が出ない燃料といって喜ぶのは早すぎる。これからは、エネルギー効率の高い手段を選ぶべきである。

水素を燃やすのがもったいないならば、その水素を原料として大量のエネルギーを使って合成したアンモニアを燃やすのが、さらにもったいないことは明らかである。こうなるともはや、正気の沙汰とは思えない。CO_2を出さないことしか眼中にないから、そうなるのだが。

さらに、アンモニアを燃やしたら、厄介な窒素酸化物（ＮＯｘ）が発生する。ＮＯｘは酸性雨、オゾン層破壊、光化学スモッグ、ＰＭ２・５などの原因物質であり（N_2Oは温室効果ガスでもある）、大気汚染物質の中でも最も被害の影響範囲が大きく、かつ処理の難しい物質である。CO_2を出さない代わりにＮＯｘを出す……こんな本末転倒があるだろうか？（ＮＯｘ自体は直接的な温室効果を持たないが、各種化学反応によって温室効果ガスを生成するので間接的温室効果ガスと呼ばれる）ちなみに、ゴミ焼却施設や火力発電所のＮＯｘ排出抑制には、アンモニアが使われている（脱硝設備）。窒素酸化物（ＮＯｘ）を処理するために大気中窒素からアンモニアを作り、それを消費する。その処理過程で窒素（N_2）は大気に戻り、正味で消費されるのは水素である。何と皮肉な巡り合わせであることか。

日本の水素政策の現状

現在の日本政府による水素政策の概要は、今年3月に資源エネルギー庁が発表した「今後の水素政策の課題と対応の方向性　中間整理（案）」という資料でわかる。94ページに及ぶ大部の資料である。ただし内容の大筋は、2017年12月に再生可能エネルギー・水素等関係閣僚会議が発表した「水素基本戦略」に沿ったものであり、内容的には大きな違いはない。両者とも、水素供給上の2大支柱として、海外CCSを使ったCO_2フリー水素（豪州褐炭その他）と安価な海外再生可能エネルギーによる発電・水素製造を挙げている。要するに、海外資源に依存する考え方である（両資料とも資源エネルギー庁のサイトからpdfで入手できる）。

この計画での水素製造手段は、化石燃料（石炭か天然ガス）から作り、生成するCO_2はCCSでごまかすか、発電して水から水素を作るルートである。これまでに指摘した、両者におけるエネルギーロスやコストの問題点には、ほとんど触れていない。とにかく、何が何でも水素を普及させ脱炭素を実現させることが目的で、「そのためならどんな困難も乗り越えよう！　進め一億火の玉だ！」と言っている印象さえ受ける。なぜなら、コストも供給量も、目標値が現実と大きくかけ離れているからである。水素やアンモニアを燃やして発電するなど、ここまで述べたとおり、冷静に考えたら愚の極みであるのに、火力発電から排出されるCO_2を減らしたい、減らさねばならぬとの、強迫観念に近い考えがあるのだろう。正に、目的のためには手段を選ばず。脱炭素政策では、これが目立つ。

現在の構想では、水素供給の主力は、海外で大量に発電して水素を製造し、これを輸入する方式である。したがって、エネルギーの大量輸送方法が問題であり、「国際的な水素サプライチェーン」の詳細な検討がなされている。水素の輸送方法として、液体水素、有機ハイドライド、アンモニア等が出てくる。液体水素で運ぶのが直接的だが、圧縮動力がかかるのと危険度が高いので、まずは有機物と反応させて安全な液体状態にして運び、日本で水素に戻す方式と、現地でアンモニアにして運び、そのまま燃やしてしまう方式などを考えている。しかしいずれの方法を採っても、電力→水素→火力発電→電力とロスする(ここまでは国内製造でも同じ)。その他に、液化動力や、化学反応させるエネルギーなどの消費も加わり、正味の総合エネルギー効率は確実に20%以下になってしまう。ムダにムダを重ねてエネルギーを輸入することになる。

ちなみに「今後の水素政策~」の36ページに、水素キャリアごとの特性やエネルギーロスのデータが載っているが、現時点ではどれを選ぶか決められないと書いてある。どの方式を採っても一長一短、帯に短したすきに長し、といったところである。エネルギーが元の1／5以下になるのだから、単価は当然5倍以上に上がる。現地の発電単価がよほど安くても、間尺に合わない商売になる。

「絵に描いた餅」でしかない現地調達地

この構想の基本的な問題点は、実はそれ以前にある。それは、資源は海外から輸入すればよいという考え方それ自体である。海外ＣＣＳにせよ海外大規模発電にせよ、すべて、土地・太陽光その他の資源は現地で調達し、得られた水素だけを輸入するという「美味しいところ取り」なのである。ではそもそも、対象適地が、どこにどのくらいあるというのだろうか？

まず、アフリカは論外。アフリカ諸国は、いずれも深刻な電力不足状態にある。そこに大規模な太陽光パネルを設置し、電力を収奪するなど、ほぼ人道上の犯罪に近いだろう。中南米諸国も同様に対象外。彼らも経済発展を望んでおり、大規模発電施設を他国のために作る余裕はない。沙漠（ちなみに、アフリカ・豪州等の「砂漠」の多くは砂がサラサラな状態ではなく、赤茶けたラテライト土壌の「土漠」に近い。水分が少ない意味から「沙漠」の表記が正解）の多いサウジアラビアなどの中東地域なら多少の余地はあるかもしれないが、彼らとて脱石油の未来を模索しており、大規模発電施設を作るなら自国のために作るだろう。資料には水素源として、東南アジア・豪州・中東他とあるが、具体的にどこからいくら、という数字は載っていない。限りなく「絵に描いた餅」に近い。

実際に現地で大規模に発電して水素を作るとなれば、立地も大きな制約条件になるはずである。海岸に近い平坦地を大規模発電に使えるはずはないし、内陸の何もない沙漠地域でのプラント建設には、大きな困難が待っている。それに、質量比で水と水素は9：1だから、得られる水素の9倍の水が要る。水素1万トンを作るには、水が9万トン要るのである。乾燥地帯では、水の入手も課題になるだろう。

導入量の見込みも、首をかしげたくなる数字が並んでいる。2030年時供給量300万トンで、コスト30円／Nm3、2050年時2000万トン、20円／Nm3以下となっているが、現在の水素ステーションでの価格は100円／Nm3以上する。最も安い天然ガス由来水素でさえ、この価格である。これにCCSを適用すると高くなり、水の電気分解で作ったら、当然もっと高い。量的にも、2016年のLNG輸入量は8475万トンだったので、液体水素の発熱量はLNGの2倍強あるから、2000万トンはLNG換算4000万トン強にあたり、一次エネルギー比で約10％に相当する。2000万トンの水素とは、現在の国内副生水素が年間9万トンであるのと比べ、途方もない量であるが、それでも一次エネルギー中の10％にすぎない。いったいどうやって、この量を、この値段で供給できるというのか。資料では、具体策は何も書かれていない。

菅首相の言う「無尽蔵にある水素」とは？

このように無理な計画を強引に進める理由は何だろうか？　そのヒントは、菅義偉首相が就任直後の演説中で「無尽蔵にある水素を新たな電源として位置づけ、大規模で低コストの水素製造装置を実現します」と述べたことにあると筆者は見ている。

しかしこの言葉、意味が不明瞭で種々の問題を抱えている。まず最初の「無尽蔵にある水素」とは何を指すのか？　たしかに、宇宙規模で見れば、最も豊富に存在する元素は水素であり、その量も無尽蔵ではあるが、地球上で人間が入手できる水素でエネルギー利用可能なもの（H_2）は資源として産出しない。少なくとも、決して無尽蔵ではない。

人間の尺度で無尽蔵と言えるのは、水、とくに海水であろう（地球上の水の96・5％が海水、淡水は2・5％しかない）。しかし、これを「新たな電源として位置づける」とは……？　後段で「水素製造装置」と言っているから、電源といっても水力や潮汐発電ではなさそうだ。どうやら、無尽蔵にある水素とは、水（H_2O）に含まれる水素を指すらしい。しかし、H_2とH_2Oの区別がつかないようでは、中学レベルの化学的理解さえもないことになる。これは、由々しき事態ではないのか？　もっとも、菅首相は、国会演説で「温室効果ガス」を「こうしつおんかガス」と読んで、議場をざわつかせた科学リテラシーの持ち主であるから、何ら不思議はないのかもしれないが。

後半の「大規模で低コストの水素製造装置を実現します」も不明確で、具体的な方式を述べよとまでは求めないが、少なくとも、いつまでに、どこで、どの程度の規模で生産するつもりなのか、腹づもりだけでも示さないと、単なる空念仏に終わってしまう。常識的に考えれば、水（海水）から水素（H_2）を製造するとなれば、電気分解を想定することになるが、「大規模で低コスト」となると、国内じゃちょっと無理そうだな、となる。この演説は2017年の「水素基本戦略」が下敷きになっているそうだから、やはり海外での大規模生産を念頭においていることになる（ただし、豪州褐炭などを水素源と考えるならば、無尽蔵という表現は使わないだろう）。

しかし、水資源というのは、もともと無尽蔵ではない。雨の多い日本では実感しにくいが、人間の利用できる真水は意外に少量しかない。もし海水を電気分解すると、水素（H_2）と同量の塩素（Cl_2）が発生し、液相には水酸化ナトリウムが蓄積するから、現実的でない。実際、水酸化ナトリウム（カセイソーダ）の工業的生産法は、食塩水の電気分解である（海水は不純物が多いので使われないが）。もし海水を真水にして使うならば、技術的には可能だが、海水の淡水化には膨大なエネルギーが必要である。当然、恐ろしく高額の水素になる。沙漠地帯では、水の入手が課題になることは、すでに述べた。

今年度の「水素社会実現の加速」という項目の予算は700億円ほどであるが、1基4億円かかる水素ステーションを1000基作るつもりだそうだから、4000億円かかる（単年度ではないが）。その他にも水素が関連する予算があちこちに散りばめられており、その総額は1000億円を超えるだろう（「令和3年度　資源・エネルギー関係予算の概要」による）。まさに税金の無駄遣いだ。

マスコミでは、水素自動車・液体水素運搬船（豪州褐炭水素）・水素アンモニア発電と、華々しい記事が並ぶ。しかしどれ一つとして、いままで指摘した問題点について述べておらず、単に「脱CO_2に役立つ」としか書かれていない。現時点で、商売ベースで水素が使えている事業・企業はない。現在進行中の水素関連事業は、表向き民間企業が進めているように見えても、実際はすべて国の補助金がつぎ込まれた国家プロジェクトである。補助金に商社その他の企業が群がり、それをマスコミが囃し立てる構図が出来上がっている。そのためだと思うが、問題点を指摘する声は、大手マスコミにはまず載らない。

菅首相以下、政治家に科学技術の詳しい内容理解を求めるのは無理だとしても、その下で働く経産省や資源エネルギー庁のお役人たちは、一応エネルギー関連の「専門家」のはずだから、水素やアンモニア発電が抱えている問題点を認識できていなければならないはずである。もし、問題点を認識できていないとすれば、初歩的な化学の理解さえもないことになり、単に無知無能である。もしくは認識できているのに言わないとすれば、それは国民に対する誠実さの欠如・裏切りであるとしか言えない。多額の税金の無駄遣いを見逃したのと同じだからである。

筆者は、そのどちらでもないことを願いたい。論語にもある、「過ちて改めざる、これを過ちと謂う、過ちては改むるに憚ることなかれ」と。どうか、サイエンスがゼロの水素政策を止めていただきたい。その知恵と労力とお金を、もっと意味のある仕事に使っていただきたい。

世界各国の水素への取り組みと今後

実は欧米その他でも、水素を活用しようという計画は活発に進められている（日本はそれに追従しているだけともいえる）。たとえば米国では、２００２年頃から水素・燃料電池関連の研究開発に予算を投じ始め、２００９年度には日本円で２５０億円に達したが、その後１００億円程度に減額された。欧米・豪州では再エネの余剰電力を使うＰ２Ｇ（Power to Gas）が実証段階にあり、２０２３年には商用化するとの話もある。中国・韓国も燃料電池車の開発に力を入れているが、主に水素の消費面だけに注力していて、水素をどうやって得るかにはあまり熱心でないように見える。

ちなみに本稿では燃料電池車には詳しく触れなかったが、同じ自動車を再エネで走らせるのなら、電力→水素→燃料電池→電力→モーターより、電力→モーターの方が効率的なことは自明なので、燃料電池車（ＦＣＶ）が電動自動車（ＥＶ）に勝って普及するとは考えていない。また、これら米国・欧州・豪州・中国・韓国などの水素計画における問題点は、日本の水素政策とほぼ同じなので繰り返さない。

日本では、筆者のように水素政策を批判する論者は少ないが、EU・英国等では水素政策に批判的な科学者集団も存在し、推進論者と論争していることを付記する。

「水素社会」とは、二次エネルギーとして電力ではなく水素を使う社会を指すが、これまで述べてきたことから明らかなように、そんな社会は決してやってこないだろう。電力のほうが圧倒的に優れた二次エネルギーであり、これからの社会の一次エネルギー構成がどうなるにせよ、二次エネルギーの主体が電力であることは間違いない。

水素は、電力と同じ二次エネルギーである。そもそも電力を海外で大量に作って輸入する構想は存在しない。ならば、水素も同じように、海外から輸入するという考えを捨てるべきである。地産地消で安く供給できる範囲でなら、水素にも生き延びる余地はある。また、エネルギー媒体ではなく化学原料としての水素は、社会にとって重要な意義を持つ。

しかし、天然ガスやバイオマスから作る水素は脱炭素に役に立たず、水の電気分解で作る水素は高い。太陽光から電力を得るなら、水素経由より太陽電池がずっと安く効率的である。こうして見ると、二次エネルギーとしての水素政策に多額の税金を使う意味がどこにあるかわからなくなる。

本来、エネルギー政策立案は、科学・技術・経済・環境の各側面から綿密に検討されたものだけが採用されるべきである。水素政策は、そのような検討には耐えられないので、結論として、水素政策は捨てるべきである。

■

海洋プラごみ削減にはまったく無意味「レジ袋有料化」の目的と効果を再考する

藤枝一也（素材メーカー環境・CSR担当）

2020年7月1日に日本国内のレジ袋が有料化されてから1年以上が経った。昨今、レジ袋をはじめプラスチックストロー、ペットボトルなどプラスチック製品の削減が叫ばれているが、その主たる目的は「海洋プラスチックごみ対策」とされている。

たとえば、経済産業省・環境省発行の「プラスチック製買物袋有料化実施ガイドライン（令和元年12月）」の「1．プラスチック製買物袋有料化制度の背景・概要」にはこう書かれている。

〈プラスチックは短期間で経済社会に浸透し、我々の生活に利便性と恩恵をもたらしてきた。一方で、資源・廃棄物制約や海洋ごみ問題、地球温暖化といった、生活環境や国民経済を脅かす地球規模の課題が一層深刻さを増しており、これらに対応しながらプラスチック資源をより有効に活用する必要が高まっている〉

財務省・厚生労働省・農林水産省・経済産業省・環境省が一般向けに発行している「レジ袋有料化Q&Aガイド」では以下のとおりだ。

〈Q.1　なぜ、プラスチック製買物袋の有料化をするのか？

A　海洋プラスチックごみ問題、地球温暖化などの解決に向けた第一歩として、（中略）消費者のライフスタイルの変革を促すことが目的です〉

他にもたくさん挙げられるが、いずれの政府文書にもプラスチック削減の目的の一つが海洋プラスチックごみや海洋ごみ問題の解決であると明記されている。

レジ袋有料化はグリーンウォッシュ

「レジ袋の有料義務化の目的はプラスチックごみの減量ではなく、プラスチックへの問題意識を持ってもらうことが狙い」

一方で、小泉進次郎環境大臣はたびたびこのような発言をされている。小泉大臣の発言と先に紹介した各文書を矛盾なく解釈すれば、「プラスチックごみの削減にはつながらないとわかっているが、国民の意識啓発のために海洋プラスチックごみの削減を目的に掲げてレジ袋を有料化した」となるだろう。

これに対して、たとえば企業が新商品を発表する際に、「Aという環境負荷の削減にはつながらないが、顧客の意識啓発のためにAの削減の意義を掲げた高級なエコ商品を開発しました」という広告を行ったとしたらどうなるか。

企業の環境・CSR（企業の社会的責任）部門や広報・広告部門の担当者は、「実効性が伴わない環境広報やイメージ戦略はグリーンウォッシュになるので行ってはならない」と教育されている。「グリーンウォッシュ」とは、「グリーン（環境に配慮した）」と「ホワイトウォッシュ（ごまかす・上辺を取り繕う）」という言葉を合わせた造語で、環境配慮をしているように装うことや、上辺だけの欺瞞的な環境訴求などを表す。

レジ袋有料化は、企業人の感覚で言えば典型的なグリーンウォッシュだ。企業の環境・CSR教育のテキストに「やってはならない事例」として載せたいくらいだ。

「海洋プラスチックごみ」の原因と対策

海洋プラスチックごみ問題を解決するためにレジ袋やプラスチックストローの削減を進めるのは、目的と手段の不一致だ。もしもレジ袋やペットボトル等の「使用量」削減が海洋プラスチックごみの削減に寄与するのであれば、自治体のごみ回収から廃棄物処理ルートのどこかでプラスチックごみを海洋投棄していることが前提となるはずだ。もちろん、そんな自治体は全国どこにも存在しない。きわめて簡単な話で、海洋プラスチックごみ削減のために必要な対策は、プラスチックの「使用量」削減ではなく「海洋への排出量」削減なのだ。

では、海洋へのプラスチックごみの排出源はどこだろう。日本の川や海から流れ出るプラスチックごみは微々たる量である。真の原因は、海洋へ大量に廃棄している国や組織の存在だ。したがって、本稿では海洋プラスチックごみ対策として次の3点を提案する。

①大量に海洋投棄している国や組織へやめさせるための国際交渉
②日本の高度な廃棄物処理システム（燃焼技術）の輸出ならびに技術支援
③日本国内で必要な対策はポイ捨て・不法投棄の撲滅

以下、プラスチックごみが海洋に排出されている原因を考察するとともに、プラスチック使用量の削減ではなく、この3点こそが海洋プラスチックごみ対策であることを論じる。

最大の原因は大量海洋投棄

まずは提案の①「大量に海洋投棄している国や組織へやめさせるための国際交渉」について考えてみたい。「環境省　中央環境審議会循環型社会部会プラスチック資源循環戦略小委員会（第3回）参考資料　1　プラスチックを取り巻く国内外の状況（2018年10月19日）」には、「陸上から海洋に流出したプラスチックごみ発生量（2010年推計）ランキング」が掲載されている。このランキングによれば、海を汚している上位国は1位中国（132万〜353万トン／年）、2位インドネシア（48万〜129万トン／年）、3位フィリピン（28万〜75万トン／年）となっており、日本は30位（2万〜6万トン／年）である。

また、同資料の78ページに掲載されている日本全国の海岸での漂着ごみの調査結果（表1）を見てみよう。

表1　漂着ごみ（プラスチック類のみ）の種類別割合

分類	重量	容積	個数
飲料用ボトル	7.3%	12.7%	38.5%
その他プラボトル類	5.3%	6.5%	9.6%
容器類（調味料容器、トレイ、カップ等）	0.5%	0.5%	7.4%
ポリ袋	0.4%	0.3%	0.6%
カトラリー（ストロー、フォーク、スプーン、ナイフ、マドラー）	0.5%	0.5%	2.7%
漁網、ロープ	41.8%	26.2%	10.4%
ブイ	10.7%	8.9%	11.9%
発泡スチロールブイ	4.1%	14.9%	3.2%
その他漁具	2.7%	2.6%	12.3%
その他プラスチック（ライター、注射器、発泡スチロール片等）	26.7%	26.9%	3.3%
	100%	100%	100%

漁網・ロープ、ブイ、発泡スチロールブイ、その他漁具など海から漂着したと思われるごみで過半（重量：59・3％、容積：52・6％）を占め、陸域から出たと思われるポリ袋（レジ袋）はごくわずか（重量：0・4％、容積：0・3％）であることがわかる。

続いて79ページには全国10カ所の海岸で調査されたペットボトルごみの製造国別割合が掲載されている。この調査は毎年環境省が実施しているもので、ペットボトルの量とともに表示されている言語の割合が示されている。日本の海岸なので日本語表記が多いのは当然なのだが、西日本では中国語、韓国語のごみが多いのだ。

ここで、青山繁晴参議院議員のブログ（2021

年2月5日付）での指摘を抜粋する。

〈▽海洋資源調査の経験から、海がプラスチックごみで水も海底も魚もみな、深刻な被害を受けていることを実感してきました。

（中略）
▽しかし実際の海の現場では、ハングルや中国語の記載されたプラスチックごみの破片を非常に多く目撃します。
また日本海の島で、海岸線に打ちあげられるプラスチックをはじめとするごみを拾う住民運動に参加してみると、その多くがやはりハングルや中国語のあるごみです〉
続いて、同議員のＹｏｕＴｕｂｅチャンネルでの発言を一部書き起こしてみよう。
【ぼくらの国会・第１０７回】ニュースの尻尾「中国・韓国のプラスチックごみ海洋投棄問題」（２０２１年2月13日）
〈・プラスチックごみによる海の汚染は本当に深刻。ただし日本の近海や対馬の海岸で見るのはハングルや中国語のプラスチックごみばかり。日本語のプラスチックごみはほとんど見ない。（5分00秒～6分30秒部分）
・中国・韓国の漁船は海にごみを捨てている。日本の漁船はまったくやらない。（7分

50秒～8分15秒部分）〉

さらに、2019年10月1日付AFP通信「海洋プラごみは中国の商船が発生源か　南大西洋の英領島研究」では、

〈・今回の研究では、このごみベルトの形成要因が、水路や陸上に廃棄された使い捨てプラスチック製品よりも、商船団が船外に投棄したトン単位のごみであることを示す証拠が得られた。

・大西洋では、アジアの漁船の数は1990年代から大きく変化していないが、アジア、特に中国の貨物船の数は非常に増加しているため、ペットボトルは港で商船から廃棄されたものではなく、船外に投棄されたものだと研究チームは結論付けた〉

と指摘している。

いずれも、環境省が実施した海岸漂着ごみ調査の結果（日本語だけでなく外国語表記のごみが多いこと）を裏づける内容である。つまり、海洋プラスチックごみの原因は廃棄物の大量海洋投棄なのだ。したがって、海洋プラスチックごみ対策として最も有効なのは、ごみを大量に海洋投棄している国や組織がそれをやめることである。

日本のリサイクルはエコじゃない!?

続いては提案の②「日本の高度な廃棄物処理システム（燃焼技術）の輸出ならびに技術支援」だ。

一般的に、リサイクルは大きく分けると「マテリアルリサイクル」「ケミカルリサイクル」「サーマルリサイクル」の3つに分類される。マテリアルリサイクルは「材料リサイクル」とも言い、廃プラスチックであれば他のプラスチック製品に再生する手法である。ペットボトルがボールペンや作業服に生まれ変わるなど、「リサイクル」「再生利用」と聞くと誰もが連想するものだ。ケミカルリサイクルは、廃棄物を化学的に分解するなどして、化学原料に再生する手法だ。廃プラスチックが肥料や製鉄所での還元剤として有効利用されている。サーマルリサイクルとは「エネルギー回収」「エネルギーリカバリー」とも言い、廃プラスチックを固形燃料にしたり、焼却したりして熱エネルギーを回収する手法だ。「ごみ発電」と言えば想像しやすいだろう。

さて、昨今日本国内でよく聞く批判に「日本はサーマルリサイクル比率が高いので、エコじゃない。欧米のようにマテリアルリサイクルを目指すべき」というものがある。ただし、この点についてさまざまな専門家へ質問を繰り返したものの、「欧米ではサーマルリサイクルはエネルギーリカバリーという扱いであり、リサイクルの定義に含めていない」という欧米出羽守《でわのかみ》ばかりで、論理立った説明を聞いたことがない。

「サーマルリサイクルは悪」の一例を示そう。インターネット記事やSNS等で拡散されているものに、OECD加盟国のリサイクル比率のグラフがある（グラフ1）。

縦軸が国名、横軸が各国のリサイクル比率の内訳になっている。「Material recovery」がマテリアルリサイクル、「Incineration with energy recovery」がサーマルリサイクル、「Landfill」が廃棄物の埋め立て処分だ。日本（上から4番目）のマテリアルリサイクル率が約2割、サーマルリサイクル率が約7割であるのに対して、ドイツ（一番上）やスイス（上から2番目）などはマテリアルリサイクルが5～6割もある一方、サーマルリサイクルは2～5割ほどのため、「日本はサーマルリサイクル比率が突出して高く、世界と比べて廃棄物対策が遅れている」という批判を目にすることが多い。

ただし、出所のOECDレポートを見ると「一般廃棄物は廃棄物全体の10％程度にすぎない（Municipal waste is only part of total waste generated (about 10%,)」「廃棄物の定義や種類、集計方法は国や時期によって異なる（The definition of municipal waste, the

グラフ1　一般廃棄物のリサイクル比率（2013年度）

Figure 1.31. Municipal waste disposal and recovery shares, 2013 or latest

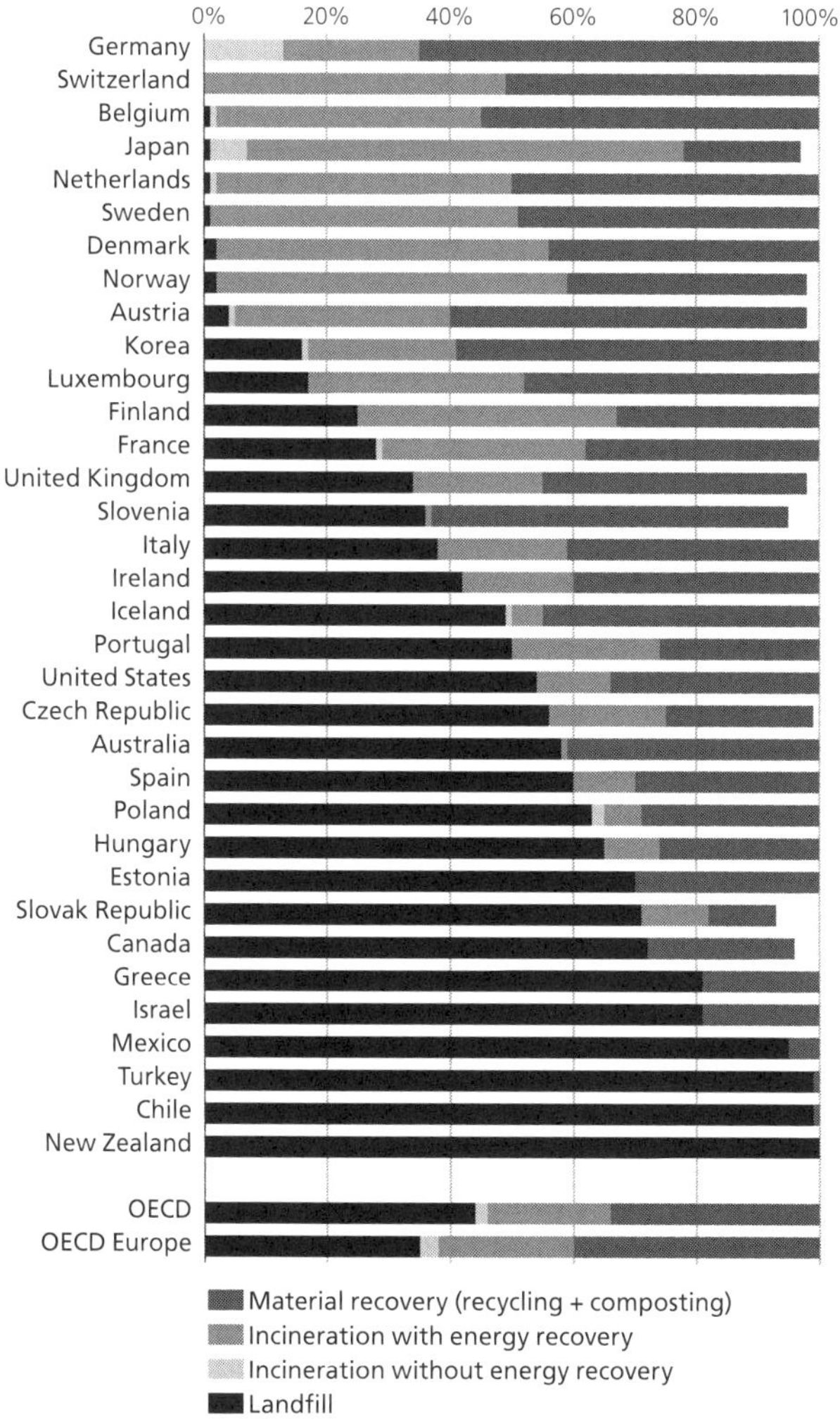

types of waste covered and the surveying methods used to collect information vary from country to country and over time.)」等のことわりがあるため、とても横並びで比較できるものではないのだ（日本やオーストリア、英国のグラフは合計が100％になっていないし、ニュージーランドにいたってはデータがないため100％埋め立て処分になっている。要はめちゃくちゃなグラフだ）。ただし、各国の比較可能性はともかく、日本のマテリアルリサイクル率約2割は低い、エコじゃない、と言いたいのであれば、主張としてはあってもよい。

　他方、このグラフは各国の「比率」であるため「量」での比較もあったほうがよいだろう。このOECDのレポートには国別の一人当たり一般廃棄物量も示されている（グラフ2）。

　このグラフ1とグラフ2の2つの棒グラフには数値データも掲載されており、日本、ドイツ、スイスを抜き出すとこうなる（表2）。

　廃棄物の定義が曖昧なのであくまでも参考だが、マテリアルリサイクル率とサーマルリサイクル率を、それぞれ一人当たり廃棄物量にかけてみる。するとマテリアルリサイクル量は日本67キロ、ドイツ399キロ、スイス363キロ、サーマルリサイクル量は日本

グラフ2　一人当たり一般廃棄物量（2013年度）

Figure 1.30. Municipal waste generation intensities per capita, 2013

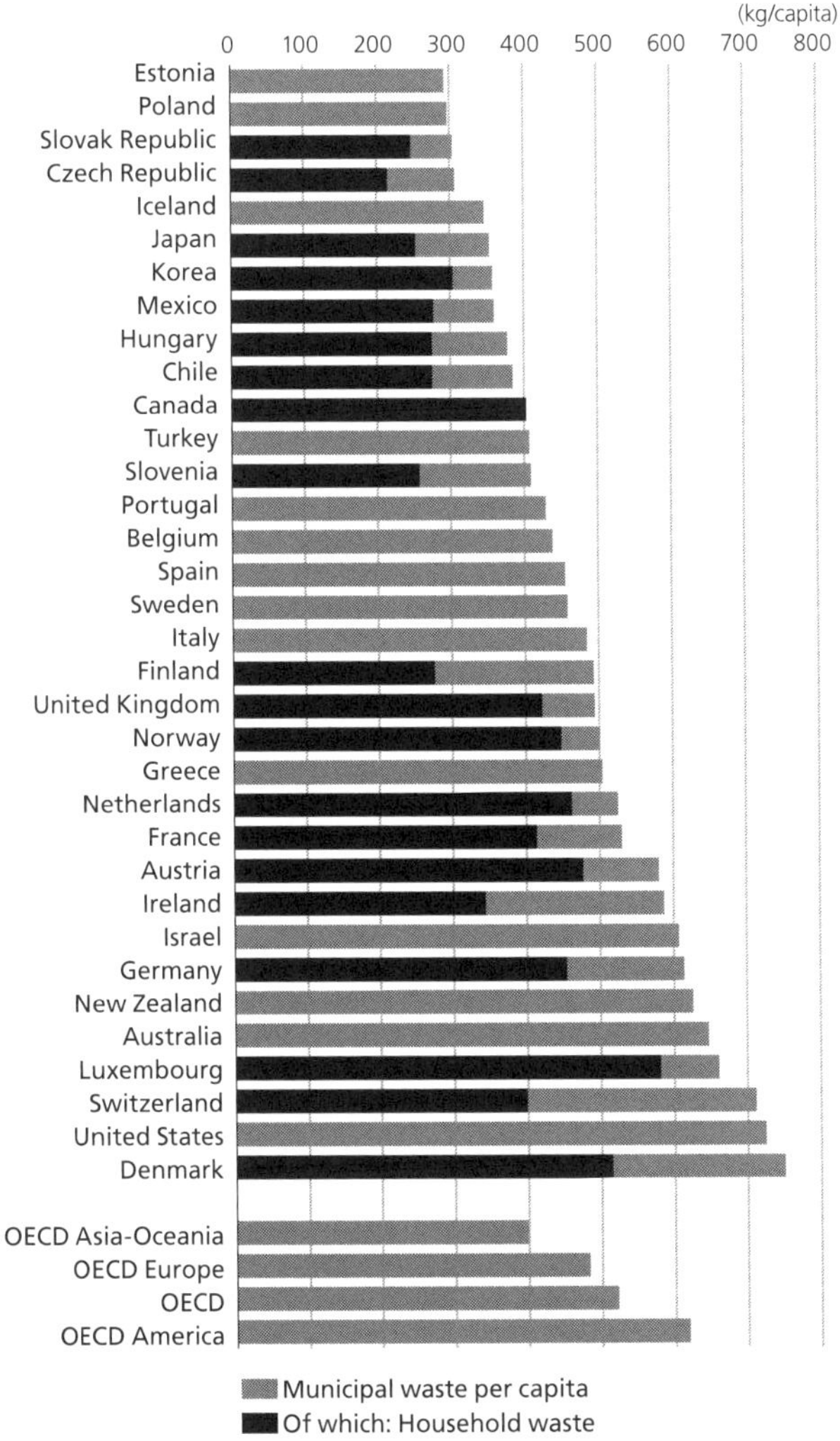

表2　日本、ドイツ、スイスのリサイクル率とリサイクル量

	マテリアルリサイクル率	サーマルリサイクル率	一人当たり廃棄物量(kg)	一人当たりマテリアルリサイクル量(kg)	一人当たりサーマルリサイクル量(kg)
日本	19%	71%	354	67.26	251.34
ドイツ	65%	22%	614	399.1	135.08
スイス	51%	49%	712	363.12	348.88

OECDレポート（2015）より筆者作成

251キロ、ドイツ135キロ、スイス349キロとなる。比率のグラフ（グラフ1）ではサーマルリサイクルに関して日本がドイツの3・2倍（71％÷22％）、スイスの1・5倍（71％÷49％）だったが、試算した一人当たり廃棄物量では日本がドイツの1・9倍（251kg÷135kg）、スイスにいたっては0・7倍（251kg÷349kg）と逆転してしまう。どうだろう、まったく違った印象にならないだろうか。総量で比較するのであればさらに各国の総人口をかけることもできるが、実データではなく仮定×仮定のデータなので蓋然性は乏しく、試算はここまでにしておこう。

さらに、このOECDレポートを元に議論するのであれば付け加えたい点がある。廃棄物の埋め立て処分の是非についてだ。グラフ1では、上から9カ国の廃棄物埋め立て率が5％未満だ。ドイツ・スイス（0％）、ベルギー・日本・オランダ・スウェーデン（1％）、デンマーク・ノルウェー（2％）、オーストリア（4％）となる（カッコ内は各国の廃棄物埋め立て率）。同じくグラフ1

では、下にいけばいくほどLandfillが目立つ。これは廃棄物を埋め立て処分している比率が高い国々ということだ。このＯＥＣＤレポートには以下の記述がある。「ＥＵはすべての加盟国にリサイクル目標を導入し、廃棄物の埋め立てはいくつかの国で禁止されたものの、多くのＯＥＣＤ加盟国で主要な処分方法のまま(The European Union has introduced recycling targets for all its member countries. Landfilling of municipal waste has been banned in a few countries. Landfill nonetheless remains the major disposal method in many OECD countries.)」。

つまり、ＥＵでは廃棄物の埋め立て処分率の高い国が多いことを課題としているのだ。グラフ1だけを取り上げて「日本のサーマルリサイクルはリサイクルに当たるか」などとあげつらうよりも、廃棄物対策としては埋め立て処分量を減らすことこそが本質ではないだろうか。いずれにしても、このＯＥＣＤレポートは廃棄物全体の10％程度をカバーするものでしかなく、廃棄物の定義も統一されていないものであることを重ねて指摘しておこう。

日本が誇る「環境にやさしい」廃棄物燃焼技術

サーマルリサイクルは悪、という主張はインターネットを検索すればたくさん出てくるので、サーマルリサイクルを是として考える際に参考になりそうな日本国内の資料を2つ紹介しておこう。

一つは、2019年5月に海洋プラスチック問題対応協議会が公表した「プラスチック製容器包装再商品化手法およびエネルギーリカバリーの環境負荷評価」だ。同報告書では、プラスチック製品をリサイクルせず単純焼却する場合と、マテリアル／ケミカル／サーマルリサイクルでそれぞれ有効利用する場合のCO_2排出量が検証されている。その結果、

〈一定程度の効率を持ったエネルギーリカバリーは、マテリアルリサイクルおよびケミカルリサイクルと、環境負荷削減効果において、劣るものではないことがわかった。〉

と結論づけられている。エネルギーリカバリーとはサーマルリサイクルのことである。もちろん、これはある一定の条件下で行われた試算ではあるが、もっと広く取り上げられてもよい科学的な検証のひとつではないだろうか。

もう一つ、日本の高い燃焼技術の一例が一般社団法人プラスチック循環利用協会発行の「プラスチックリサイクルの基礎知識２０２１」で簡潔に示されている。都市ごみを焼却炉で燃やすと煤塵《ばいじん》や水銀、窒素酸化物などを含んだ排ガスが出るが、日本では厳しい基準の下、焼却炉の設備更新、新技術の導入など排出抑制対策が積み重ねられた結果、汚染物質の排出は規制基準を大きく下回るようになっている。

ダイオキシン類については、２０００年にダイオキシン類対策特別措置法が施行となり、新設だけでなく、既存の施設についても規制が厳しくなった。その結果、２０１９年のダイオキシン類の推定排出量は１９９７年比で１／１７６まで低下しているそうだ。ごみを燃やすのは有害だ、といった感情的な批判ではなく、厳格な環境基準に従った対策が行われている点は考慮されてしかるべきである。

そもそも、国土の中で廃棄物を埋め立てる場所が少ない日本では減容化（埋め立てるごみの体積を小さくすること）のためにサーマルリサイクルが優先された結果、燃焼技術が著しく向上したのだ。他方、焼却技術が劣る欧米先進国ではマテリアルリサイクルが進んでいる。地理的な前提条件や歴史的背景が異なれば、国や地域によって対策も異なって当然である。

現在の環境・ＳＤＧｓ界隈の専門家は欧米出羽守が主流のため、ＥＵの基準や方針に日本も合わせる風潮が強い。しかし、むしろ日本の高度な廃棄物燃焼技術を、欧米先進国を含む世界各国に輸出し技術支援することができれば、世界の埋め立て廃棄物量や海洋投棄量の削減に貢献できる余地が大いにあるだろう。

海岸のごみ拾いはウミガメを助けない

筆者の提案①②は海洋プラスチックごみ対策として効果が見込める他国での改善だったが、③は日本国内での対策である。日本国内で海洋プラスチックごみの原因になるのはポイ捨てや不法投棄、ならびに非意図的な廃棄（気づかずにお菓子の包装を落とした、強風でレジ袋が飛んだ等）である。

ポイ捨てや不法投棄量を推計するのは難しいが、参考までに環境省が把握しているデータを紹介しよう。

「産業廃棄物の不法投棄等の状況（平成30年度）について（令和元年12月24日）」では２０１８年度の新規不法投棄量は15・７万トン（うちプラスチック量は３１５トン）、「令和3年版　環境白書・循環型社会白書・生物多様性白書（令和3年6月8日）」では同年度の全産業廃棄物量は3億7900万トン、「産業廃棄物の排出及び処理状況等（平成30年度実績）について（令和3年3月26日）」では同年度の廃プラスチック量は706・4万トンである。したがって、2018年度の全産業廃棄物量に対する新規不法投棄量の比率は0・04％（15・7万トン÷3・79億トン）となる。

また、新規不法投棄されたプラスチック量は同年度の新規不法投棄量全体に対して0・2％（315トン÷15・7万トン）、同じく産業廃棄物における廃プラスチック量に対して0・004％（315トン÷706・4万トン）である。本試算の分母には一般廃棄物を含んでいないため、不法投棄の比率はさらに低くなるだろう。

これらは言うまでもなく犯罪である。厳罰化や取り締まりの強化が必要だ。ただし、廃棄物全体からすると微々たる量であり、これらのごみのほとんどは国内の河川や海岸でとどまるため、日本国内のポイ捨てから広い広い海洋を漂ってマイクロプラスチック（直径5ミリ以下のプラスチック片）になって魚が食べたり亀に刺さったりするごみは、海洋投棄量の比ではない。対策の優先順位としては低くなってしまうが、もちろん無視できるものではないので厳罰化が必要だ。

一方、河川や海岸の清掃・ごみ拾いはとても重要である。筆者もたびたび参加しており、川岸に落ちているごみや川底に沈んでいるプラスチックごみの多さに驚くばかりだ。ごみ拾いの本来の目的は、その河川や海岸などその場所・その地域の景観ならびに生態系の保全であり、さらには地域住民のモラルアップにもつながる大変に尊い活動である。もちろん筆者はすべての参加者に敬意を抱いている。

しかしながら、昨今は「海洋プラスチックごみの削減」「ウミガメやクジラを助けよう」と謳ったごみ拾い活動が散見される。目的と手段を混同してはならない。大変申し上げにくいのだが、日本の河川や海岸のごみ拾いがウミガメやクジラを助けることにはほとんどつながらないことを、一般の参加者には理解したうえで今後も参加していただきたい。

目的と手段の不一致が生まれた背景

これまで述べてきたように、海洋プラスチックごみ対策としてプラスチック使用量を削減するのは目的と手段の不一致である。では、なぜこのような不一致が起きてしまったのか、その理由について考察したい。

2015年6月のG7エルマウ・サミットで海洋ごみ・プラスチックごみが世界的課題であると提起されて以降、毎年G7やG20等の首脳会議で話題となり、世界の潮流になってきた。2018年6月のG7シャルルボワ・サミットで「海洋プラスチック憲章」が採択され（日本と米国は署名せず）、日本でも2019年5月に「プラスチック資源循環戦略」が策定された。その後、2020年7月のレジ袋有料化につながるのだ。

海洋プラスチック憲章に署名しなかった一方で、世界的な潮流を受けて日本政府としても早急に海洋プラスチックごみ対策の法律や国家戦略を策定せざるを得なかったことは理解できる。ただ「プラスチック資源循環戦略」は、海洋プラスチック憲章と似た項目を並べながら、数値目標が見劣りしたのは悪手だったかもしれない。

同戦略の策定当時から現在に至るまで、環境・SDGsの専門家たちはこの点を批判している。たとえば、公益財団法人日本野鳥の会ウェブサイトの記事「第3回　日本政府はなぜ、海洋プラスチック憲章に署名しなかったのか」では、それぞれの数値目標を比較したうえで、海洋プラスチック憲章への署名拒否と戦略の目標値の低さを批判している。項目と数値目標が簡潔に整理されていてわかりやすいので表を参照しよう（表3）。

表3 「海洋プラスチック憲章」と「プラスチック資源循環戦略」の違い

	G7「海洋プラスチック憲章」	日本「プラスチック資源循環戦略」
包装材管理	2030年までにプラスチック包装の最低55%をリサイクルまたは再使用。2040年までにはすべてのプラスチックを100%熱回収	2030年までにプラスチック製容器包装の6割をリユース・リサイクル
リサイクル推進	2030年までに100%のプラスチックをリユース、リサイクルまたは熱回収可能に	2035年までにすべての使用済みプラスチックをリユースまたはリサイクル等により、100%有効利用
再生利用促進	2030年までにプラスチック製品におけるリサイクル素材の使用を少なくとも50%増加	2030年までにプラスチックの再生利用を倍増するようめざす

日本野鳥の会ウェブサイトより抜粋

たしかに日本の数値目標は見劣りする。しかし、これは仕方がないのだ。小学校でも習う3R（スリーアール）、すなわちリデュース（発生抑制）・リユース（再使用）・リサイクル（再生利用）は廃棄物対策のイロハのイであり、あらゆる廃棄物関連の文書でまず触れなければならない大原則なのだ。ただし3Rは廃棄物の発生量や廃棄物処分場へ運ばれる廃棄物量を減らすための対策であって、海洋への排出量の削減には寄与しない。欧州が中心となって提案された海洋プラスチック憲章はマテリアルリサイクル重視という自分たちの特徴を反映した内容であり、その川上対策としてリデュース、使用量の削減に重きを置いていると考えることもできよう。一方で日本は先述したように歴史的にサーマルリサイクルが進展してきたため、単純に3Rの数値目標を比較すれば見劣りして当然である。

2019年5月にプラスチック資源循環戦略が策定され、それから約2年が経った2021年7月現在、目立った対策はレジ袋有料化のみだ。プラスチック資源循環戦略に沿って3R対策の目玉としてレジ袋有料化が導入されたために、海洋への排出量削減としてはまったく貢献しておらず、目的と手段の不一致が起こっているのだ。

日本政府はプラスチック資源循環戦略を再活用せよ

3Rの項目は海洋プラスチックごみ削減に寄与しないため横に措《お》くとして、海洋プラスチックごみ対策の観点でプラスチック資源循環戦略を詳細に見てみると、実はよく練られていることが窺える。「重点戦略」(1)②には以下の記述がある。

〈分別・選別されるプラスチック資源の品質・性状等に応じて、循環型社会形成推進基本法の基本原則を踏まえて、材料リサイクル、ケミカルリサイクル、そして熱回収を最適に組み合わせることで、資源有効利用率の最大化を図ります〉

一部からの批判に屈せず、熱回収、すなわちサーマルリサイクルをリサイクルの一環として位置づけているのだ。

続いて「重点戦略」の（2）「海洋プラスチック対策」の記述も抜粋しよう。

〈海洋プラスチック汚染の実態の正しい理解を促し国民的機運を醸成し、①犯罪行為であるポイ捨て・不法投棄の撲滅を徹底した上で、清掃活動を含めた陸域での廃棄物適正処理、②マイクロプラスチック流出抑制対策、③海洋ごみの回収処理、④代替イノベーションの推進、⑤海洋ごみの実態把握について、以下のとおり取り組みます〉

①に「犯罪行為であるポイ捨て・不法投棄の撲滅を徹底」とある。

さらに「重点戦略」の（3）に「国際展開」が来ており、引用は省くが内容としては「世界各国へ我が国の廃棄物処理システムを展開」することになっている。

本稿で提案しているとおり、海洋プラスチックごみ対策として効果的なのは、①国際交渉、②技術支援、③日本国内ではポイ捨て・不法投棄の撲滅、である。プラスチック資源循環戦略では3Rの数値目標が見劣りする一方で、海洋プラスチックごみ対策としてはポイ捨て・不法投棄の撲滅（筆者提案の③）と廃棄物処理システムの国際展開（同②）が柱になっているのだ。この点から推察すると、少なくとも本戦略をまとめた各省庁の行政官たちは海洋プラスチックごみ対策の本質を理解しているはずだ。

　国際交渉が含まれていない点は残念だが、全体を見渡せば、巷間言われているほど悪い内容ではないというのが筆者の評価だ。

　ただし、プラスチック資源循環戦略はよくまとまっているのに、この2年間の目玉施策がレジ袋有料化のみというのは、なんともお粗末な展開だ。これは政治の不作為である。日本国内で買い物客がエコバッグを持参したり、飲食店が紙ストローに替えたりしても、海洋プラスチックごみ削減にはまったく寄与しない。海洋プラスチックごみ問題の解決策は日本人のライフスタイル変革ではなく、海洋投棄をやめさせるための国際交渉と、あらゆる国が自国内で廃棄物を処理できるようになるための廃棄物処理システムの技術支援だ。環境大臣、そして日本政府が本気で海洋プラスチックごみ削減を目指すのであれば、やりやすい国内対策ばかりを打ち出すのでなく、このプラスチック資源循環戦略に従ってポイ捨て・不法投棄の撲滅と各国の技術支援に本腰を入れるべきだ。また技術支援と並行して、海洋投棄している国があればやめるよう交渉も行っていただきたい。

　こうしている間にも、海の汚染は進んでいるのだ。

コストも妥当、安全性は超優秀 世界で導入が進む「次世代原発」の実力

長辻象平（産経新聞論説委員）

日本の原発が動かない。東京電力福島第一原子力発電所の大事故で、国内の全原発が停止に追い込まれていったのは２０１１年。

福島事故以前に54基あった原発は廃炉が相次ぎ、いまや33基にまで減っている。事故から10年を経た現在、再稼働を果たした原発は10基にすぎない。火力発電や太陽光発電などを合わせた全発電量に占める原子力発電の割合も、福島事故前の30％前後から６％に低下している。

現在（２０２１年7月末）、策定の大詰めを迎えている「第六次エネルギー基本計画」

の素案で示された２０３０年度時点での原子力発電の電源比率は20〜22％だ。現状との開きはあまりに大きい。

しかし、原子力発電のこの比率を実現しないかぎり、地球温暖化防止を目指す「パリ協定」で日本が世界に約束している２０３０年度時点での温室効果ガス（大部分は二酸化炭素）の46％削減（２０１３年度比）は望めない。太陽光や風力発電による再生可能エネルギーを倍増させても不可能だ。

安価で安定した原子力発電の電源比率を現状の6％から、かつての30％に復活させることが、パリ協定での日本の国別削減目標（ＮＤＣ）の達成には必須の基本条件だ。原子力発電の賢明な活用を図らなければ、日本の経済力は衰退の一路をたどるだけでなく、協定の不履行によって国際信用力も地に墜ちる。

にもかかわらず、国民は原子力の安全性に不信を抱き、それを傍観する政府は原子力政策から距離を置いている。こうした八方塞がりの状況下で、いかにすれば日本の原子力発電の復活は可能なのか。

意外感があるかもしれないが、復活への道筋の難度は高くない。多くの人々が抱く「原発は有用でも危険」という固定観念が払拭されれば事態は変わる。そのためには原発のイノベーションが必要だ。大事故が起きえない新型原発の誕生によって「原発は有用かつ安全」という信頼感が芽生えれば、国民の原子力不信も和らいで、日本のエネルギー問題を取り巻く状況は、負のスパイラルから発展軌道へ移行する。

ここまで書いたところで、多くの読者の声が聞こえてくる。

「そうした安全安心の原発は、夢のまた夢のSFではないか」――。

答は「否」である。国内ではあまり知られていないが、原理上、炉心溶融などの過酷事故とは無縁の原発が実在する。しかも理論の形ではなく実物として、この日本に存在しているのだ。その名を「高温ガス炉」と呼ばれるタイプの次世代原発だ。

まずは高温ガス炉の特長と用途を列挙しておこう。

●外部電源の喪失や冷却材（ヘリウムガス）の配管破断事故があっても炉心は自然冷却し、炉心溶融には至らない。

●運転に水を必要としないので、海から遠い内陸部や砂漠にも建設できる。

●発電と並行して熱化学分解反応で水から水素を製造できる。

●発電用ではなく化学工業用の熱源としても利用できる。

●太陽光発電など再エネの宿命的な弱点である出力変動を吸収できる。

●海水の淡水化、地域暖房、原子力製鉄なども可能だ。
すばらしい多能性を備えた夢のような次世代原子炉であることがおわかりいただけるだろう。

世界最高水準にある日本の高温ガス炉

第六次エネルギー基本計画の素案が公表された翌週の7月30日、茨城県大洗町で日本原子力研究開発機構の高温ガス炉が起動した。「高温工学試験研究炉」(HTTR)の制御棒が抜き上げられ、午後2時40分、臨界に達したのだ。

このHTTRこそ、日本が世界に誇る高温ガス炉なのだ。開発第一段階の試験研究炉なので、3万キロワット(熱出力)と小規模で発電機も接続していないが、高温ガス炉としての基本機能は完備している。

この日の起動は、HTTRにとって10年間の長い眠りから覚めた再稼働だった。福島の原発事故を受けて国内の原発は全基停止に至ったが、研究炉のHTTRもそのうちの一基だったのだ。

原子力機構がＨＴＴＲ再稼働のために、原子力規制委員会に対して安全審査を申請したのは２０１４年11月。一連の審査によって求められた、ＨＴＴＲのケーブルを火災の熱から守るための対策や、外部火災が建屋に及ばないようにするための防火帯の設置などの安全対策工事も今年（２０２１年）に入ってすべて完了し、再稼働となったのだ。

期待度の高い次世代原発の試作機であるにもかかわらず、ＨＴＴＲの存在が国民の間であまり知られていないのは、なぜだろう。それには2つの理由が考えられる。その一つは先に紹介した10年間の運転停止のためで、もう一つの理由は経済性だった。

ＨＴＴＲの運転開始は１９９８年。東日本大震災までの13年間、稼働していたのだが、地味な存在だった。その訳は、ＨＴＴＲが登場した当時は１００万キロワット（電気出力）を超える大型原発の時代であり、高度の安全性を有しても大型化に向かない高温ガス炉は経済性で劣るとされ、電力業界の関心が薄かったのだ。

そのためＨＴＴＲは２００１年に８５０度、２００４年には世界最高の９５０度という高温を発生させながら、華々しいニュースとなる機会も少なかった。

実用に供する商用炉としての展望を欠いたまま先細り感さえ漂う開発の日々が続いていたのだが、そこが運命の不思議というものである。福島事故を境に、従来の原発（軽水炉）に求められる安全対策工事などの費用が膨張した結果、高温ガス炉との経済格差が消えたのだ。しかも固有の安全性を備え、電力の地産地消に適した小型モジュール炉（ＳＭＲ）でもあるときている。

事故時には自然停止と自然冷却機能が自律的に作動

ここで高温ガス炉の炉心と燃料の概略を紹介しておこう。

軽水炉と呼ばれる普通の原発には加圧水型と沸騰水型の2種類があるが、ともに燃料ウランの原子核にぶつかる中性子の速度を水で調整し、核分裂で生じた熱を水に伝え、水蒸気で発電タービンを回す。水蒸気の温度は約３００度。

これに対して高温ガス炉では、水の代わりに黒鉛ブロックで中性子の速度を調整し、水蒸気の代わりに９５０度の熱で膨張したヘリウムガスで発電タービンを回す。高温ガス炉の開発は、高温にするほど発電のエネルギー効率が高まることになるという温度と発電の関係に着眼したものだ。軽水炉では33％の効率が、高温ガス炉では50％と約１・５倍も高い。つまり燃費がよいわけだ。

軽水炉も高温ガス炉もウランが燃料であることは同じだが、燃料の形はまったく違う。

軽水炉のウラン燃料は一個が小指の先ほどの大きさの円柱形粒子（ペレット）で、これが外径1センチ強、長さ4メートルほどの金属管である燃料棒の中にずらりと一列に並んで封入されている。出力100万キロワット級の加圧水型原発（ＰＷＲ）の場合だと、水を満たした原子炉内部に、この燃料棒を250本ほど束ねた燃料集合体が200体近くセットされているのだ。

それに対して高温ガス炉（ＨＴＴＲ）の炉心は、六角柱の黒鉛のブロックの集合体で構成されている。六角柱ブロックの対辺距離は約35センチで、高さは約60センチ。このブロックを円形に敷き並べた炉心の直径は約3メートルだ（原子炉圧力容器は直径5・5メートル、高さ13メートル）。

六角柱の黒鉛ブロックには丸い穴がトンネル状に多数貫通していて、その中に「コンパクト」と呼ばれる円筒形の燃料（直径2・5センチ、高さ4センチ）が多数、整列装荷されている。巨大なレンコンの各穴に短いちくわを詰め込んだイメージだ。

ちくわにたとえたコンパクトだが、精緻を極めた構造なのだ。一個のコンパクト中には直径1ミリの球体燃料が約1万3000粒含まれている。球体燃料は、中心の二酸化ウランの周囲を4層のセラミックスで包んだ堅牢な精密構造で、それらが黒鉛粉末と均一に混合され、円筒形に焼成されたものがコンパクトの正体なのだ。4層の被覆が核分裂で生じる放射能をしっかり閉じ込めて、事故が起きても外部に漏らさない。

このように高温ガス炉は、従来の原発とは大きく異なる次世代の原子炉なのだ。

高温ガス炉の特長と用途について、もう少し説明しておこう。

まずは、高温ガス炉の固有の安全性について。外部電源や冷却材（ヘリウムガス）の喪失事故時には、制御棒が故障して作動しなくても反応度フィードバックという現象で核分裂反応は自然に止まるのだ。同時に原子炉圧力容器からの自然放熱で炉心の冷却が進む。

放射能を持つヨウ素やセシウム、ストロンチウムなどは、堅牢な燃料粒子内に密封されている。事故時に最も重要な「止める」「冷やす」「閉じ込める」が自律的に達成される原子炉なのだ。

こうした安全性の確証研究は、HTTRで2002年から開始され、2010年には冷却材のヘリウムガス配管の破断を模した試験を行い、安全機能を証明している。経済協力開発機構原子力機関（OECD／NEA）との共同で行われたこの試験では、原子炉出力30％の状態で冷却材のヘリウムガスの循環を止めた。ヘリウムガス配管の破断に相当する状況設定だ。

米、仏、独など6カ国の研究機関や規制機関も参加したこの国際共同試験で、原子炉の自然停止と自然冷却が、制御棒などを用いることなく炉に備わる物理現象のみで確実に進行することが証明されたのだ。もちろん強制冷却もしていない。

10年ぶりに再稼働を果たしたHTTRでは、2022年中にも出力100%の運転下で同様の固有安全性の実証試験を行う計画だ。

二酸化炭素の排出もエネルギーロスもなく水素を生産

高温ガス炉による水素製造も脱炭素社会の創出に向けて期待が高い。高温ガス炉は電気分解ではなく、熱分解によって水から水素をつくる能力を持っている。

HTTRの研究陣は2019年に、ヨウ素と二酸化硫黄を循環的に使う熱化学反応(IS法)で毎時30リットルの水素づくりに成功しているのだ。

IS法の反応には900度という高温が必要だが、これは950度を誇るHTTRで供給される。しかし、実用化にはIS法の反応液が持つ強い腐食性などを克服する必要があって、困難を極めたが、研究陣は工業プラント用の通常の配管類を用いた設備で世界最長の150時間連続運転を成し遂げている。

HTTRとIS法装置を接続すれば、世界初の原子力水素が誕生する。予算待ちだが、2028年頃から原子力水素の製造試験が始められそうな見通しだ。

水素は二酸化炭素を出さないクリーン燃料として人気があるが、国内で使われている大部分の水素は、天然ガスや石炭が原料だ。そのため、副産物として二酸化炭素が排出されるので、本物の脱炭素燃料と呼ぶのは難しい。太陽光発電や風力発電による水の電気分解でクリーンな水素は得られるが、分解に伴うエネルギーロスが避けられない。発電分を水素に変換することなく、そのまま電気として使ったほうが効率的だ。

高温ガス炉による水素生産は、原子力発電と並行して行われるので二酸化炭素の排出も目立つエネルギーロスもない。経済性でも理想のクリーンプロセスとなるわけだ。

また高温ガス炉が生み出す熱は、普通の原発より3倍以上高温の950度なので、化学工業用の熱源として使える。

ポーランドでは、原子力機構の協力を得て研究炉（熱出力1万～3万キロワット）と商用炉（同16・5万キロワット）の設計などが進行中だ。商用炉は発電用ではなくて化学プラントへの高温蒸気供給に用いられることになっている。石炭火力発電が主力のポーランドは、欧州連合（ＥＵ）内で二酸化炭素の排出削減を迫られており、高温ガス炉の利用に踏み切ったのだ。

高温ガス炉の研究開発に関する日本と海外の協力は、英国との間でも進んでいる。その英国で２０２１年7月29日、２０３０年代初頭までに高温ガス炉（ＨＴＧＲ）の実証炉を完成させる案がビジネス・エネルギー・産業戦略省（ＢＥＩＳ）から公表された。実証炉は商用炉の一つ手前の段階だ。

英国は２０５０年の二酸化炭素排出実質ゼロ目標の達成に、高温ガス炉を主力手段にする方針を固めたもようだ。これにより高温ガス炉導入への世界的な機運が一段と高まることは間違いない。

中国製高温ガス炉は政治主導で開発が進む

日本のＨＴＴＲが安全審査で10年間止められている間に、世界の高温ガス炉開発は着々と進んでいる。駆け足で追い上げてきたのが中国だ。

中国では2012年12月に着工した高温ガス実証炉（山東省威海市石島湾）がほぼ完成し、発電開始が近づいている。用いられる高温ガス炉「HTR－PM」の出力は10万キロワットだが、石島湾の発電所では2基のHTR－PMで1台の蒸気タービンを回すことで、約20万キロワットを発電する。

日中の高温ガス炉を開発段階で比べると、HTR－PMは実証炉なので、試験研究炉である日本のHTTRを抜いているわけだ。

ただし、日本と中国の高温ガス炉では、炉心の設計も燃料の構造も異なっている。端的に言えば、日本のほうが精緻で高性能であり、用途も広いのだ。

日本の高温ガス炉は先に紹介したとおりの構造で、ブロック型と呼ばれるのに対し、中国のものはドイツにルーツを持つペブルベッド型という方式だ。ペブルは小石の意味で、燃料は黒鉛粉末を焼結した直径約6センチの球体だ。この球体中には小粒の被覆燃料粒子が多数、練り込まれている。炭団のようなこのペブル燃料を原子炉の上部から炉心にごろごろ落とし込んでいくという方式だ。

こうした技術の精粗の差によって、中国製の高温ガス炉で出せるヘリウムガスの温度は日本製より200度低い750度止まり。だから中国製では水素製造も困難だし、高効率のガスタービン発電も行えない。

だからといって中国の高温ガス炉を「中温ガス炉」と軽く見てばかりはいられない。なぜなら中国では高温ガス商用炉プラントの建設計画が福建省に3カ所、江西省、広東省、浙江省に各1カ所――の計6自治体で進んでいるからだ。

なかでも江西省内の予定地が内陸の瑞金市である点が注目される。中国ではかつて河川に面した内陸部での原発（軽水炉）建設計画を進めていたが、日本の福島事故を機に国民の間に反対の声が強くなり、10年間にわたって中断されていた。その内陸立地への壁が、安全性で格段にまさる高温ガス炉によって克服されようとしているのだ。

中国では日本と対照的に、政治指導者がエネルギーの重要性と高温ガス炉の科学技術をしっかり理解していることの証左であろう。

ところで、6自治体で予定されている高温ガス商用炉プラントの電気出力だが、これが120万キロワットという規模で、軽水炉の大型原発並みなのだ。

この120万キロワットは、出力10万キロワットのHTR－PMを12基、動員することで支えられる。具体的には6基のHTR－PMで1台の蒸気タービンを回して60万キロワットを発電する。ユニットの名称は「HTR－PM600」。

このユニット2つを1つの中央制御室でまとめてコントロールすることで、計120万キロワットの高温ガス炉プラントを実現する計画なのだ。

性能は日本製に及ばないものの、まもなく実証炉が本格的に動きだす。それに続く商用炉の開発が順調に進めば、価格競争では日本製より優位に立つとみられるだけに、中国製高温ガス炉が世界市場を席巻することになりかねない。

政治性と不確実性に満ちた「脱炭素」の潮流

世界は今、グローバルな政治と経済と科学のうねりを束ねた「脱炭素」という国際潮流のただ中にある。1980年頃から注目され始めた地球気温の温暖化傾向を、大気中の二酸化炭素濃度の増加がもたらした人類の危機――と断定した、国連主唱の滅亡論を源流とする抗いがたい巨大潮流だ。

この潮流の中で政治の舵取りを誤れば、国の運命が危うくなる。脱炭素問題の本質の理解が何よりも必要だ。

国連の「気候変動に関する政府間パネル」(IPCC)は、数種の温室効果ガスの中でも産業活動などによって排出される二酸化炭素に温暖化の〝主犯〟としてのラベルを貼っている。二酸化炭素が地球の寒冷化を防ぐ温室効果を持つことは科学的事実だが、地球の気温には多数の要因が相互に複雑に絡み合っている。それを二酸化炭素の排出削減で抑制方向に導けるとする考えが世界に浸透したのは、なぜだろう。

一説には米ソ間の冷戦終結との関係が指摘されている。1991年のソ連邦崩壊で、世界が米国の独壇場になることを危惧し、それを牽制する目的で欧州、とりわけ英国が二酸化炭素温暖化説を唱えたという説だ。二酸化炭素の排出量は産業力と密接に関係するので、その削減はあらゆる経済指標の悪化に波及する。

英国は1854年に世界で初めて気象庁を置くなど気象観測に力を入れていて、世界の気象学の宗家としての自負を持っている。そういう国柄なので、国際政治のフィールドに地球温暖化問題を割り込ませる力量は十分だ。

そうした思惑を察した米国は2001年に「京都議定書」から離脱した。二酸化炭素排出の大幅削減は、大国の経済力にも抑制圧力を及ぼすものなのだ。

核の恐怖をはらんだ東西陣営対立の終焉を受け、新たな世界秩序の構築へ向けた国際力学の回転軸に、地球温暖化問題がセットされたという図式である。

さらに補足すれば、地球温暖化は二酸化炭素の増加がもたらした結果ではない、とする学説も少なからず存在する。

その根拠の一例は「中世温暖期」の存在だ。紀元1000年頃を中心に400年ほど気温の高い時期があり、そのころヨーロッパの気候は現代と同程度かそれ以上に暖かかったのだ。日本でも平安時代の気温が高めであったことが推定されている。清少納言の『枕草子』には京の都にシュロの木が生えていたことが書かれているし、グリーンランドにはバイキングが入植していたという歴史がある。

ヨーロッパの中世や日本の平安時代に産業革命は起きていなかった。さらにさかのぼれば縄文時代も温暖で、北海道、東北に残る多くの遺跡がその事実を物語る。

地球の気候は、中世温暖期の終わりとともに小氷期に入り、19世紀まで寒冷な時代が続いていた。現代はその寒冷気候からの回復途上に位置しているため、気温のグラフは自ずと右肩上がりに進むというわけだ。

IPCCは、20世紀の半ば以降から顕著になった温暖化を、人類の活動がもたらしたものと断定している。それゆえ、温暖化の抑制には温室効果ガス排出量の抜本的かつ持続的な削減が不可欠、とする立場だ。

しかし、懐疑派と呼ばれる研究者が指摘するように、今の気温の上昇が主に自然変動によるものであれば、二酸化炭素の排出を減らしても気温の上昇は止まらないし、下がるはずもない。脱炭素の取り組みそのものは、ほとんど無意味な徒労となってしまう。排出量の削減に間接的に貢献するという触れ込みの排出量取引も、エコに名を借りた国際マネーが動くだけの壮大な虚業であったということになる。

国の指導者は、地球温暖化問題が抱える、こうした国家間の政治性と不確実性を十分に心得ておくべきなのだ。それを踏まえたうえでの二酸化炭素の排出削減目標であり、電源比率の構成だ。資源貧国の日本で準国産エネルギーの原子力を減らすこと、狭い国土に太陽光パネルをさらに増やすことは、得策とは正反対のベクトルを持っている。

成すべきことは2つある。まずは2030年に向けた既存原発の再稼働と運転延長の促進だ。原発の停止期間が10年を超えつつある。これがさらに進むと現場での技術継承が困難になっていく。

2050年に向けては、国産高温ガス炉の実用化促進だ。新技術への挑戦を通じて若手研究者が育ち、研究開発の好循環が回り始める。太陽光発電のエコの反射光に目がくらむと、新産業革命に通じる王道への入り口を見失う。

最後に含蓄に満ちた歴史的箴言を――。

「地獄への道は善意で舗装されている」（資本論）

■

三枝玄太郎 さいぐさ・げんたろう

1967年、東京都生まれ。早稲田大学政治経済学部卒業。1991年、産経新聞社入社。主に警視庁、国税庁、国土交通省を担当。国税担当は東西で約9年に及ぶ。2011年の東日本大震災時には東北総局次長。2019年に退職、フリーライターに。

杉山大志 すぎやま・たいし

キヤノングローバル戦略研究所研究主幹。東京大学理学部物理学科卒、同大学院物理工学修士。電力中央研究所、国際応用システム解析研究所などを経て現職。温暖化問題およびエネルギー政策を専門とする。国連の気候変動に関する政府間パネル（IPCC）、産業構造審議会、省エネ基準部会等の委員を歴任。産経新聞「正論」レギュラー執筆者。著書に『「脱炭素」は嘘だらけ』（産経新聞出版）、『地球温暖化のファクトフルネス』（アマゾン）など。

長辻象平 ながつじ・しょうへい

産経新聞論説委員。鹿児島県出身。京都大学卒業。産経新聞入社後は生命科学、宇宙開発、自然災害、原子力分野などを取材。科学部長を経て現職。中央環境審議会臨時委員、原子力発電環境整備機構評議員などを歴任。釣魚史研究にも携わる。

藤枝一也 ふじえだ・かずや

横浜国立大学経営学部卒、法政大学大学院環境マネジメント研究科修了。大手電機メーカーで半導体の研究開発部門、資材調達部門を経て本社環境部門で環境経営施策の企画・立案を担当。素材メーカーへ転職し本社CSR部門で主に環境関連業務に従事。

松田 智 まつだ・さとし

元静岡大学工学部教員。2020年3月まで静岡大学工学部勤務、同月定年退官。専門は化学環境工学。主な研究分野は、応用微生物工学(生ゴミ処理など)、バイオマスなど再生可能エネルギー利用関連および環境政策。

山本隆三 やまもと・りゅうぞう

香川県生まれ。京都大学工学部卒業後に住友商事株式会社に入社。石炭部副部長、地球環境部長などを経て2010年、常葉大学経営学部教授、2021年に名誉教授。NPO法人国際環境経済研究所副理事長兼所長も務める。著書に『経済学は温暖化を解決できるか』（平凡社新書）など多数。

著者略歴（五十音順）

有馬 純 ありま・じゅん

1982年、東京大学経済学部卒業後、通商産業省（現・経済産業省）入省。OECD代表部参事官、IEA国別審査課長、資源エネルギー庁国際課長、大臣官房審議官地球環境問題担当、JETROロンドン事務所長等を歴任。現在、東京大学公共政策大学院特任教授。これまでCOPに15回参加。

伊藤博敏 いとう・ひろとし

1955年、福岡県生まれ。東洋大学文学部哲学科卒業。編集プロダクションを経てジャーナリストに。とくに経済事件の取材に定評があり、数多くの週刊誌、月刊誌などに寄稿。主な著書に『許永中「追跡15年」全データ』（小学館文庫）、『「カネ儲け」至上主義が陥った「罠」』（講談社+α文庫）、『黒幕』（小学館）など。

岡崎五朗 おかざき・ごろう

青山学院大学理工学部機械工学科在学中から執筆活動を開始。各種媒体への寄稿のほか、2008年からテレビ神奈川の自動車情報番組『クルマでいこう!』のMCを務める。日本自動車ジャーナリスト協会理事。日本カーオブザイヤー選考委員。

掛谷英紀 かけや・ひでき

筑波大学システム情報系准教授。東京大学理学部生物化学科卒業。同大大学院工学系研究科先端学際工学専攻博士課程修了。博士(工学)。通信総合研究所(現・情報通信研究機構)研究員を経て現職。著書に『「先見力」の授業』(かんき出版)、『学者の暴走』(扶桑社)など。

加藤康子 かとう・こうこ

一般財団法人産業遺産国民会議専務理事、元内閣官房参与。慶應義塾大学文学部卒業。国際会議通訳を経て、米国CBSニュース東京支社に勤務。ハーバードケネディスクール大学院都市経済学修士課程（MCRP）を修了後、日本にて起業。国内外の企業城下町の産業遺産研究に取り組む。

川口マーン惠美 かわぐち・まーん・えみ

日本大学芸術学部音楽学科ピアノ科卒業。シュトゥットガルト国立音楽大学院ピアノ科卒業。『ドイツの脱原発がよくわかる本　日本が見習ってはいけない理由』（草思社）が第36回エネルギーフォーラム賞の普及啓発賞、『復興の日本人論　誰も書かなかった福島』（グッドブックス）が第38回同賞の特別賞を受賞。著書に『住んでみたドイツ 8勝2敗で日本の勝ち』（講談社+α新書）など多数。最新刊は『メルケル 仮面の裏側』（PHP新書）、『無邪気な日本人よ、白昼夢から目覚めよ』（WAC）。

SDGsの
不都合な真実
「脱炭素」が世界を救うの大嘘

2021年9月30日　第1刷発行

編著者　杉山大志

著者　川口マーン惠美＋掛谷英紀＋有馬 純 ほか

発行人　蓮見清一

発行所　株式会社宝島社

〒102-8388 東京都千代田区一番町25番地

電話（営業）03-3234-4621

（編集）03-3239-0646

https://tkj.jp

印刷・製本　中央精版印刷株式会社

Printed in Japan　ISBN 978-4-299-02098-7